HOW TO USE
CANVA
Canva使い方入門

mikimiki web school 著

ソシム

はじめに

この本を手に取っていただき、ありがとうございます。

皆さんはデザインの経験はありますか?
もし、デザイン経験がなくても
「SNSの投稿デザインを作りたい」「イベント告知のチラシを作りたい」
「お店のロゴを作りたい」など、
何かしらのデザインを作りたいと思ったことはあるのではないでしょうか。

何かデザインを作りたいと思っても、
今までは専門のデザインソフトやスキルが必要でした。

デザイン経験やパソコンスキルがないとデザインは作れない
この常識を覆したのがCanvaです。

Canvaは「ノンデザイナー向けのデザインツール」とも呼ばれていて、
デザイン未経験の方でも
直感的におしゃれなデザインを作成することができる
魔法のようなツールです。

誰でも簡単に、しかも無料で始めることできると話題を呼び、
今、日本のCanvaユーザーは右肩上がりで伸びています。

Canvaを使いこなせると
「作りたい」と思ったものを
自分の手で形にすることができるようになります。

SNS投稿デザイン、チラシ、プレゼン資料、ショート動画、
ホームページ、名刺などなど、
Canvaではさまざまなデザインを作ることができます。

この本を手に取ってくださったあなたも、
この本を読み終えた頃には
きっとCanvaマスターになっているでしょう。
さあ、一緒に楽しくCanvaを学んでいきましょう。

Canva公式アンバサダー

mikimiki web school(扇田 美紀)

CONTENTS

仕事力アップ！

便利ツール5選

03

写真加工をしてみよう · 063

はるみ　　　　　いつき

猫の引用

「猫と過ごす
時間は
決して無駄で
はない。」

01

Canvaを始めよう

Canvaって何?

Canva(キャンバ)は、あらゆるビジュアルコンテンツを作成するための
オンラインプラットフォームです。

1 さまざまなデザインをCanvaだけで作成

Canvaを使えば、SNS投稿画像、プレ
ゼンテーション資料、ポスター、動画編
集、ホームページ作成など、あらゆるデ
ザインワークを簡単、かつスピーディー
に行うことができます。

2 ノンデザイナーでもおしゃれなデザインが作れる

Canvaのすごいところは、**デザイン性
の高さ**。おしゃれでハイクオリティなテ
ンプレートがたくさん用意されている
ので、プロのデザイナーでなくてもク
オリティの高いデザインが作れる点が
魅力です。

デザインをゼロから作成するはとて
も大変ですよね。Canvaは無料版で
も数百万の素材やテンプレートが用
意されています。さらに、有料版の
Canva Proであれば、もっと多くの素
材やテンプレートを使うことができま
す。

Canvaでのデザイン作成は、**好きなテンプレートを選んで写真や文章を入れ替えるだけ**。デザインの知識や技術がなくても、かんたんにおしゃれなデザインを作成することができます。

また、写真やアイコンなどの素材もたくさん揃っているので、アレンジも可能です。

3 無料で使える

Canvaは**無料で始めることができます**。無料版でも十分すぎる機能を使用することができますが、有料版のCanva Proに登録すると使える機能がさらに増えます。

4 デバイス間を超えて作業できる

Canvaで作成したデザインデータはクラウドに自動保存されます。そのため、同じアカウントでログインをすれば、パソコンで作ったデザインをスマホで編集するなど、**異なるデバイスからでもアクセスして、デザインを編集することができます**。

5 チームで同時作業も可能

Canvaはチームワークにも対応しており、**複数のユーザーでの同時編集も可能です**。そのため、ビジネスや教育の現場などでも活用している人が年々増えています。

Canvaでできること

Canvaひとつでさまざまなデザインを作ることができます。
ここではCanvaでできることを詳しくご紹介していきます。

1 SNSの投稿デザイン

Canvaの一番人気のテンプレートは
SNS投稿用のデザインテンプレート。
さまざまなタイプの文字入れ投稿テン
プレートが揃っています。

2 プレゼン資料デザイン

ビジネスで使えるプレゼン資料作成
のテンプレート。下層ページのデザイ
ンも用意されているのでサクッと資料
を作成したいときに使えます。

3 バナーデザイン

YouTubeのサムネイルやイベント告知用に使えるバナーデザイン。シンプルなデザインからインパクトあるデザインまで揃っています。

4 名刺作成

Canvaでは印刷物のデザインも作成できます。名刺デザインは表面、裏面の両方が作成ができて、Canva上で印刷することもできます。

5 チラシ作成

イベントやセール時などに使えるチラシデザイン。さまざまな職種に対応したチラシデザインテンプレートが揃っています。

6 動画編集

SNS用のショート動画やムービー作成など今動画コンテンツを目にする機会が増えています。Canvaでは動画編集も簡単に行うことができます。

7 ホームページ作成

ビジネスサイトやポートフォリオサイトなどのWebサイトを作成することもできます。パソコン、スマホ、どちらでもきれいに表示されるレスポンシブデザイン対応です。

CHAPTER 01 / 3 Canvaに登録する

Canvaでできることが分かったところで、
さっそく、Canvaに登録してみましょう。

1 Canvaにログインする方法

Canvaでログインする方法は細かく
分けると、以下の7つの方法がありま
す。

① Googleアカウントで登録
② Facebookアカウントで登録
③ メールアドレス で登録
④ Appleアカウントで登録
⑤ Microsoftアカウントで登録
⑥ Cleverアカウントで登録
⑦ モバイル(携帯番号)でログイン

本書では特におすすめの①②③の登
録方法についてご紹介していきます。

Check
どの方法でCanvaに登録する？

メールアドレスやパスワードを入力せず、
すでに持っているアカウント情報でログイ
ンをしたい場合は、① Googleアカウント
で登録、または② Facebookアカウントで
登録がおすすめです。
GmailやFacebookアカウントと紐付け
したくない場合は、③ メールアドレス登録
がいいでしょう。
ログイン方法については、ご自身がやり
やすい方法を選びましょう。

2 Googleアカウントで登録する

[**Googleアカウントで登録**]を選んだ場合、メールアドレスやパスワードを入力せず、そのままログインすることができます。

[**Googleアカウントで登録**] > [**Googleで続行**]をクリックすると、Gmailアカウントを選ぶ画面が表示されます。

下部の❶[**English**]をクリックして、日本語に変更します。

❷**Googleアカウント**を選択し、メールアドレス、Gmailのパスワードを入力します。

❸**ダッシュボード**が表示されたら、Canvaへの登録完了です。

3 Facebookカウントで登録する

Facebookアカウントのログイン情報でも、Canvaにログインできます。

[**Facebookアカウントで登録**] > [**Facebookで続行**]をクリックすると、Facebookのログイン画面が表示されます。

❶メールアドレスまたは電話番号とパスワードを入力し、Facebookにログインすると、Canvaに登録することができます。

4 メールアドレスで登録する

ログイン画面で[**メールアドレスで登録**]をクリックすると、メールアドレスを入力する画面が表示されます。

❶**メールアドレス**を入力して[**続行**]をクリックします。

❷[**名前**]を入力し、[**アカウントを作成**]をクリックすると、メールにコードが届きます。

❸**コード**を入力して[**続行**]をクリックするとCanvaへの登録が完了です。

Canva Proでできること

Canvaには、無料プランのほか、Canva Proという有料プランがあります。
Canva Proの機能を使うことで作業効率を格段にアップさせることができます。

1 Canva Proに登録すると使える機能

Canva Proに登録すると、以下の機能と
サービスが使えるようになります。

❶1億点を超える素材・テンプレート・フォント全てにアクセス
❷1TBのクラウドストレージ
❸ブランドキット
❹写真・動画の背景透過
❺マジック消しゴム(AI)
❻マジック加工 (AI)
❼ビートシンク(AI)
❽マジック変換
❾バージョン履歴
❿SNSへの予約投稿

2 1億点以上の素材・テンプレート・フォント全てにアクセス

無料版でも数多くの素材やテンプレー
ト、フォントを使うことができますが、
Canva Proに登録すると1億点を超え
る素材を使うことができるようになり
ます。

③ 1TBのクラウドストレージ

Canvaでデザイン作成を行う場合、Canvaのクラウド上に画像や動画をアップして作業を行います。このストレージの容量が、無料版では5GB、Canva Proは1TBとなっています。

ストレージにはテンプレートデザインは含まれません。アップロードする動画や写真の容量になります。

④ ブランドキット

Canva Proの機能の中でも人気なのがブランドキットです。

よく使うロゴデータやカラーパレット、写真などを登録しておくことができます。

⑤ 写真・動画の背景透過

写真をワンクリックでかんたんに背景透過することができます。

さらに最近では、写真だけでなく動画の背景も透過できるようになりました。

6 マジック消しゴム

ブラシでなぞるだけで不要なものを消す
ことができる消しゴム機能です。

かなり高精度な最新機能です（使い方は
241ページ参照）。

7 マジック加工

ブラシでなぞって生成したいものの名前
を入れると画像に追加することができます
（使い方は237ページ参照）。

8 ビートシンク

動画と音楽をワンクリックでいい感じにマッチしてくれるAI機能です（使い方は184ページ参照）。

9 マジック変換

作成したデザインのサイズを簡単に変更できる便利機能です（使い方は246ページ参照）。

たとえば、Instagram用に作った正方形のデザインを、ストーリー用（縦長）、X用（横長）とサイズ展開することができます。

10 バージョン履歴

復元したい日時を選択すれば、そのときのデザインに戻すことができる機能です（使い方は152ページ参照）。

11 SNSへの予約投稿

InstagramやX、Facebookなどと連携すれば、作成したデザインを予約投稿することができます。

Canva Proについて

Canva Proの料金と解約方法について解説します。
また、お試し期間が通常の30日から45日に延長されるQRコードも用意しました!

1 Canva Proの料金は?

Canva Proには年単位と月単位の支払い方法があります。月単位の場合は月額1,500円、年単位の場合は年額12,000円です。

また、チームで使う場合はCanva for Teamsというプランがおすすめです。こちらは5名まで使用することができ、月払は3,000円、年払だと30,000円です。

Canva Free		Canva Pro		Canva for Teams	
月単位	**0円**	月単位	**1,500円**	月単位	**3,000円**
年単位	**0円**	年単位	**12,000円**	年単位	**30,000円**
※1名または複数での使用		※1名		※最初の5名での合計	

✎ Check

Canvaの有料プランのお試し期間

Canva Proは30日間お試しで使うことができます。
以下のURLまたはQRコードから登録すると、15日間延長して45日間Canva Proを使うことができます。
Canva Proの機能を使ってみたい方はぜひ試してみてくださいね♪

https://partner.canva.com/mikimiki

2 Canvaの解約方法

Canva Proの解約方法について解説
をしていきます。

❶アイコン部分をクリックして、❷[**ア
カウント設定**]をクリックします。

アカウント設定のページが開いたら、
❸[**支払いとプラン**]をクリックします。

❹[・・・]をクリックして、❺[**契約をキャ
ンセル**]をクリックします。

確認画面で[**キャンセルを続行**]を選
択すると、Canva Proを解約すること
ができます。

アカウント設定のページに、「サブス
クリプションは○月○日にキャンセル
されます」と記載されていればCanva
Proの解約が完了です。

Canva Pro機能は次の決済が行わ
れる予定だった日まで使用すること
ができます。

Canvaで作成したデザインの商用利用について

Canvaで作成したデザインを商用利用する場合について解説します。
いくつか注意点があるので、しっかり確認しておきましょう。

1 Canvaで作成したデザインは商用利用できる

「Canvaの素材やテンプレートを使って作成したデザインは商用利用できますか?」というご質問をよくいただきます。

実は、Canvaの素材やテンプレートは無料・有料問わず商用利用が可能です。商用利用するにあたってクレジット表記も必要ありません。

2 素材そのままはNG、編集すればOK

Canvaで作成したデザインを商用利用することは可能ですが、1つだけ条件があります。それは素材やテンプレートをそのままではなく、編集してオリジナルのデザインにして使うことです。

また、素材だけを用いて商用利用するのはNGですが、素材を組み合わせてオリジナルのデザインとなっていれば商用利用することができます。

元の素材。これをこのまま商用利用するのはNG。

複数の素材を組み合わせて作成したデザイン。商用利用OK。

元の素材。これをこのまま
商用利用するのはNG。

元素材に少し手を加えた
もの。元素材と酷似してい
るため商用利用NG。

素材をもとに、色やデザイ
ンを編集したもの。商用利
用OK。

誰が見ても元の素材とは異なる「オリジナ
ルデザイン」にすることで、販売が可能に
なります。オリジナルデザインになってい
れば、それを使って作成したTシャツやマ
グカップ、うちわなどのオリジナル商品の
作成・販売も可能です。

また、Canva内の写真素材も商用利用可
能です。ただし、人物写真を使用する際に
は人権侵害にならない範囲で使用をしま
しょう。

3 使用許諾範囲について

Canvaで作成したデザインは下記の範囲であれば商用利用が可能です。

・ホームページやブログへの使用
・SNS投稿での使用
・メルマガ配信
・名刺やチラシ、プレゼン資料など印刷物での使用
・電子書籍などのオンライン画像での使用
・動画作成での素材使用
・イベント時のポップなどでの使用

ただし、下記の場合は商用利用できない場合もありますので、あらかじめご注意ください。

1.商標登録・意匠登録等、知的財産権の登録

Canvaで用意されている素材やテンプレートを使っての商標登録・意匠登録等は禁止です。なお、商用登録・意匠登録等に関しては、デザインをオリジナルのものにした場合でも禁止です。ご注意ください。

ただし丸や三角、四角など普遍的な図形の場合は、商標登録等も可能です。

2.他の素材サイト等の素材データを使用する場合

Canvaの素材やテンプレートは使用許諾範囲内での商用利用は可能ですが、他の素材サイトなどでダウンロードした素材をCanvaにアップロードしてデザインを作成した場合はご注意ください。中には商用利用NGの場合もありますので、使用した素材サイトの規約をよく確認しましょう。

3.データの販売について

Canvaで作成した素材やテンプレートを販売することは可能です。ただし、Canvaの素材やテンプレートのデータをそのまま販売すること、あるいは文字だけ変更・色だけ変更などオリジナルデザインとは言えない状態で販売することは禁止です。

素材やテンプレートを販売する場合は、ご自身の手で編集し「オリジナルのデザイン」にしてから販売しましょう。

02

基本操作をマスターしよう

トップ画面の見方と操作方法

Canvaの操作画面はシンプルで、デザイン初心者でも直感的に操作することができます。
この章では、Canvaの操作画面の使い方を学んでいきましょう。

トップ画面の各部名称

Canvaの画面は、トップ画面とデザイン編集画面に大別されます。ここでは、トップ画面の
各部名称と役割を紹介します。

①**検索窓** テンプレートやプロジェクトを検索できます

②**デザインアイコン** 作成するデザインを選択します

③**カスタムサイズ** オリジナルのサイズでデザインを作成できます

④**アップロード** 画像や動画などをアップロードできます

⑤**デザインを作成** デザイン作成を始めることができます

⑥**プロフィール** アカウントの設定ができます

⑦**チーム切り替え** チームを切り替えることができます

⑧**プロジェクト** 作成したデザインやフォルダーを開きます

⑨**テンプレート** テンプレートが一覧表示されます

⑩**ブランド** ブランドキットの確認や編集ができます(Canva Proの機能)

⑪**アプリ** Canvaと連携するアプリを起動します

1 検索窓

「こんなテンプレートあるかな?」「こんなものが作りたい」と思ったら、まずは検索してみましょう。

たとえば、Instagram投稿用のテンプレートを探したい場合は、検索窓❶に[Instagram投稿]と入力して検索します。

検索結果(ここでは[Instagram投稿(正方形)])❷をクリックすると、テンプレートが表示されます。

デザインを探すときにとても便利なので活用しましょう。

✏ Check

作成したデザインを検索する

検索窓では、テンプレートだけでなく、プロジェクトデザイン(作成したデザイン)を探すこともできます。

プロジェクトデザインを探すには、検索結果の画面で右上にある[プロジェクト]をクリックします。

2 デザインアイコン

デザインアイコンをクリックすると、関連するデザインが表示されます。

たとえば[SNS]❶をクリックすると、[Instagram投稿]や[facebookの投稿]などのデザインが表示されます。

[Instagram投稿]❷にマウスポインターを合わせると、右上に虫眼鏡アイコン❸が表示されます。虫眼鏡アイコンをクリックすると、Instagram投稿に関するテンプレートが表示されます。

虫眼鏡アイコンではなく、[**空のデザインを作成**]❹と表示されているサムネイルをクリックすると、白紙の状態からデザインを作成できます。

3 カスタムサイズ

テンプレートにはないサイズでデザインを作成したい場合は、[**カスタムサイズ**]をクリックします。

任意のサイズを指定してデザインを作成できます。

4 アップロード

自分の写真や動画などからデザインを作成したい場合は、[**アップロード**]をクリックして素材をアップロードします。

Canvaでサポートしているデータの種類は、次のとおりです。

●画像
JPG、PNG、HEIC、WEBP、SVG

●動画
GIF、MP4、MOV、MPEG、MKV

●ファイル
PDF、PowerPoint、Word、Illustrator、Photoshop

5 デザインを作成

[**デザインを作成**]をクリックすると表示されるメニューには、[**検索**]や[**カスタムサイズ**]、[**写真を編集**]、[**おすすめ**]（人気のテンプレート）がまとめられています。

いずれかをクリックしてデザインを作り始めることができます。

6 プロフィールアイコン

[**プロフィール**]アイコンをクリックする
と、プロフィールの設定や登録変更、
チームの切り替えなどができます。

7 チーム切り替え

[**チーム切り替え**]をクリックすると、登
録しているチームが一覧表示され、切
り替えることができます。

「チーム」とは、複数のユーザーが共
同でデザインを作成するための機能
です。チームを作るには、Canva for
teamへの登録が必要です。

8 プロジェクト

[**プロジェクト**]をクリックすると、作成
したデザインやフォルダーを開くこと
ができます。

9 テンプレート

[**テンプレート**]をクリックすると、
Canvaおすすめのテンプレートを
チェックできます。

10 ブランド

[**ブランド**]をクリックすると、ブランド
キットに登録されている画像や写真、
カラーパレットなどを確認できます。

ブランドキットはCanva Proの機
能です。

11 アプリ

[**アプリ**]をクリックすると、Canvaと連
携しているアプリを利用できます。

CHAPTER 02 / 2 デザイン編集画面の開き方

デザインを作成する画面がデザイン編集画面です。
まずはデザイン編集画面を開いてみましょう。

1 デザイン編集画面を開く

Instagram投稿用のデザインを作成するデザイン編集画面を開きます。

トップ画面から[**SNS**]❶をクリックし、[**Instagram投稿**]の虫眼鏡アイコン❷をクリックすると、Instagram投稿用のデザインテンプレートが表示されます。

編集したいテンプレート❸をクリックします。

 王冠マーク❹が付いているテンプレートは、Canva Proで利用できるデザインです。

デザインがポップアップで表示されるので、[**このテンプレートをカスタマイズ**]❺をクリックします。

デザイン編集画面（次ページの図）が開きます。

デザイン編集画面の見方と操作方法

デザイン編集画面の構成や使い方を学んでいきましょう。

デザイン編集画面の各部名称

❶ホーム	トップ画面へ移動します
❷ファイル	ファイルのアップロードやフォルダーへの保存などができます
❸マジック変換	サイズの変更などができます（Canva Proの機能）
❹やり直し	作業を一工程戻す／進めることができます
❺保存	保存状況が表示されます
❻テンプレートタイトル	テンプレートの名前を設定できます
❼共有	デザインを共有できます
❽デザイン	テンプレートを表示します
❾素材	デザインに図形や写真、動画などの素材を配置します
❿テキスト	デザインに文字を配置します

⑪ブランド	よく使うロゴや写真などを登録しておくことができます（Canva Proの機能）
⑫アップロード	写真や動画などをアップロードできます
⑬描画	手書きの線や図形を配置できます
⑭プロジェクト	作成したデザインやフォルダーを確認できます
⑮アプリ	Canvaと連携しているアプリを起動できます

1 ホーム

[ホーム]をクリックすると、Canvaのトップ画面に移動します。

2 ファイル

[ファイル]をクリックすると、ファイルのダウンロードや表示設定、フォルダーへの保存などを行うためのメニューが表示されます。

3 マジック変換

[**マジック変換**]をクリックすると、作成したデザインを別のサイズへ変更できます。

デザイン内の文字を別の言語へ翻訳することもできます。

4 やり直し

[**やり直し**]をクリックすると、作業を一工程戻す／進めることができます。

5 保存

Canvaでの作業は、インターネット接続環境では自動的に保存されます。

[**ファイル**]>[**保存**]から手動で保存することもできます。

雲のアイコンにチェックマーク❶が付いていればデザインが保存されています。

雲のアイコンに[…]❷と表示されている場合は保存されていません。

6 テンプレートタイトル

[**テンプレートタイトル**]は、最初にテンプレートを開いたときの名前がそのまま表示されています。

後々デザインを探しやすいように、テンプレートタイトルを変更しておきましょう。

テンプレートタイトルを変更するには、テンプレートタイトルをクリックします。

7 共有

[**共有**]からは、デザインのダウンロードや共有ができます。

8 デザイン

[**デザイン**]をクリックすると、テンプレートデザインが表示されます。

現在のデザインと差し替える、または別ページとしてデザインを追加することができます。

9 素材

[**素材**]をクリックすると、Canvaで提
供されているグラフィック素材や写真
素材、動画素材が表示されます。

10 テキスト

[**テキスト**]をクリックすると、デザイン
に文字を配置できます。

11 ブランド

ブランドキットに登録されている素材
を表示します。

ブランドキットは、Canva Proの機能
です。

12 アップロード

パソコン内に保存されている写真や
動画、音声データをアップロードできま
す。

02　基本操作をマスターしよう

💡 アップロードできる合計容量は、無料
版は5GB、Canva Proは1TBです。

13 描画

ペンツールを使って、手書きの文字や
イラストを描くことができます。

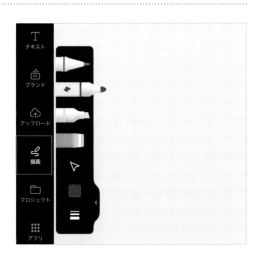

14 プロジェクト

[**プロジェクト**]をクリックすると、作成したデザインやフォルダーを確認できます。

15 アプリ

Canvaと連携しているアプリを起動できます。

Canvaはアプリと連携することで、より便利に使うことができます。アプリはAIを活用するものや、生産性を高めるもの、デザインワークに役立つものなど、さまざまなものがあります。

文字の編集方法

デザイン編集画面を操作して、Canvaの基本操作をマスターしていきましょう。
まずは文字を編集します。

1 文字を編集する

任意のテンプレートを開きます。

文字①をクリックして選択し、ダブルク
リックすると、文字を編集できます。

2 文字の色を変更する

文字をクリックして選択し、上部の[**カ
ラー**]①をクリックします。

サイドバーに表示される色②をクリッ
クすると、文字の色を変更できます。

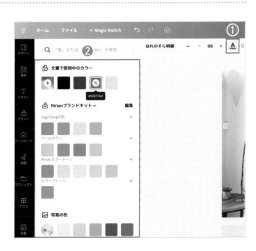

[新しいカラーを追加]❸をクリックすると、カラーパレット❹から直感的に色を選ぶことができます。

カラーパレットの[スポイトツール]❺をクリックすると、デザインの任意の場所から色を抽出できます。

スポイトツールは、Safariでは利用できません。

また、テンプレート内に配置されている写真の色は、Canvaによって自動的に抽出され、[写真の色]❻に表示されます。ここから色を選択すると、写真に合わせた色を設定できます。

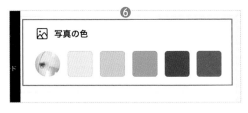

３ フォントを変更する

文字のフォントを変更するには、文字を選択し、上部の[(**現在のフォント名**)]❶をクリックします。フォントの一覧❷が表示されるので、目的のフォントを選択します。

💡 [>]❸が表示されているフォントは、フォントファミリー(太さ)を選ぶことができます。

💡 王冠マーク❹が付いているフォントは、Canva Proで利用できるフォントです。

💡 Canva Proでは、所有しているフォントをアップロードして利用できます。

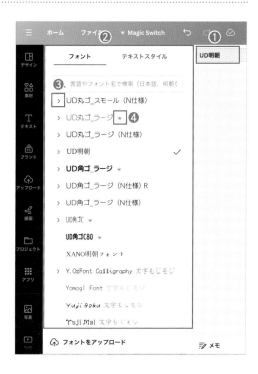

４ 文字を追加する

デザインに新しい文字を配置するには、サイドバーから[**テキスト**]❶をクリックします。

[**見出しを追加**][**小見出しを追加**][**本文を追加**]❷のいずれかをクリックすると、テキストボックスが配置されます。

049

5 文字のサイズを変更する

文字のサイズを変更するには、文字を選択し、上部の[＋]または[－]❶をクリックするか、文字の四隅❷をドラッグして拡大・縮小します。

図形の編集方法

Canvaでは、丸や四角などの図形を配置することもできます。

1 図形を配置する

サイドバー から[**素材**]>[**図形**]をク
リックし、[**正方形**]①をクリックすると、
図形(ここでは正方形)がデザインに
配置されます。

💡 [**すべて表示**]をクリックすると、すべ
ての図形を確認できます。

図形②をクリックすると、文字を入力
できます。

図形が選択されている状態で左上[**図
形**]③をクリックし、サイドバーからほ
かの図形(ここでは[**円**])④をクリック
すると、形を変更できます。

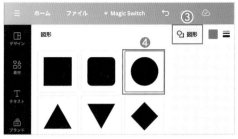

2 図形の色を変更する

図形をクリックして選択し、上部の[**カラー**]❶をクリックすると、サイドバーに色の一覧❷が表示されます。任意の色をクリックすると、色を変更できます。

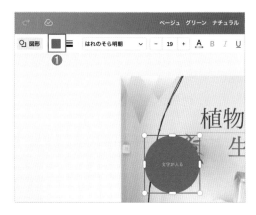

ここでは、サイドバーを下方向へスクロールし、グラデーション❸をクリックしました。

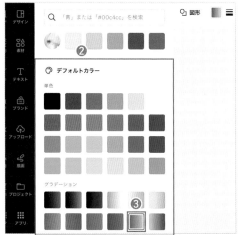

再度上部の[**カラー**]❹をクリックし、サイドバーから[**グラデーション**]❺をクリックすると、グラデーションの色やスタイルを変更できます。

✎ Check

線を配置する

[**素材**]>[**図形**]にある[**ライン**]
❶から線を配置できます。

線をクリックして選択すると、[**線
のスタイル**]❷から線の種類や
線の太さなどを設定できます。

[**線先**]❸をクリックすると、線先
を矢印などに変更することがで
きます。

[**ストレート**]❹をクリックし、[**エ
ルボーライン**]に切り替えると、
線に表示される白い長方形部
分をドラッグして、線を自由に変
形させることができます。

素材の編集方法

Canvaには、グラフィック(イラスト)や写真、動画などの素材も用意されています。

1 グラフィック素材を配置する

サイドバーから[**素材**]をクリックし、検索窓にキーワード(ここでは「植物」)**①**を入力します。

検索結果で[**グラフィック**]**②**をクリックすると、グラフィック素材のみが表示されます。

任意のグラフィック素材**③**をクリックすると、デザインに配置されます。

2 グラフィック素材の色を変更する

デザインに配置されている素材❶をクリックして選択し、上部の[**カラー**]❷をクリックします。

💡 グラフィック素材は変更できないものもあります。素材を選択して[**カラー**]が表示されているものは色の変更が可能です。

サイドバーに色の一覧❸が表示されるので、クリックすると色を変更できます。

位置やサイズ、角度を変更することもできます❹。

CHAPTER 02 / 7 テンプレートの写真を変更する

テンプレートの写真を変更してみましょう。

1 写真を変更する

テンプレートに配置されている写真を
クリックして選択し、[delete]キーを押
すと、写真が削除されます。

サイドバーから[**素材**]をクリックし、
検索窓❶に「植物」と入力して検索しま
す。

検索結果で[**写真**]❷をクリックする
と、写真素材の一覧が表示されます。

任意の写真❸をクリックすると、デザイ
ンに配置されます❹。

写真を削除して空と草原のイラスト
が表示された場合、フレームやグリッ
ドで写真を配置しているテンプレー
トデザインです。フレームについて
は60ページ、グリッドについては61
ページを参照してください。

Check

素材の重なり順を変更する

写真などの素材を配置すると、
すでに配置されていた文字など
が隠れてしまい、見えなくなって
しまうことがあります。

このような場合、写真を右クリッ
クし、[**レイヤー**]>[**再背面へ移
動**]❶をクリックすると、写真が
一番後ろに移動して文字が表示
されます。

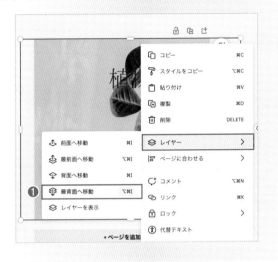

オリジナルの写真を配置する

Canvaに用意されている写真ではなく、
自分で撮影した写真をアップロードして配置することもできます。

1 パソコンに保存されている写真をアップロードする

パソコンに保存されている写真を
アップロードするには、[**アップロー
ド**]>[**ファイルをアップロード**]①をク
リックします。

写真を選ぶ画面で、アップロードした
い写真を選択して[**開く**]をクリックす
ると、アップロードできます。

アップロードした写真をクリックする
と、デザインに配置できます。

ページを追加する

複数のデザインを作成するときは、ページを追加しましょう。
先に作成したデザインを複製することもできます。

1 白紙のページを追加する

デザイン下部に表示される[**ページを追加**]❶をクリックすると、白紙のページが追加され
ます❷。

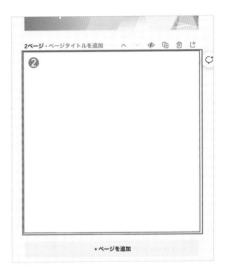

2 ページを複製する

ページタイトルの右側に表示される
[**複製して追加**]❶をクリックすると、同
じデザインを複製して追加することが
できます。

前ページのデザインを流用したいとき
に便利です。

フレーム内に写真を配置する

フレーム素材を利用すると、
四角形や円形の中に写真を配置できます。

1 素材内に写真を配置する

サイドバーから[**素材**]>[**フレーム**]を
クリックし、任意のフレーム(ここでは
[**円**])❶をクリックすると、デザインに
円形のフレームが配置されます。

写真素材をフレーム内にドラッグ&ド
ロップ❷すると、フレーム内に写真が
配置されます。

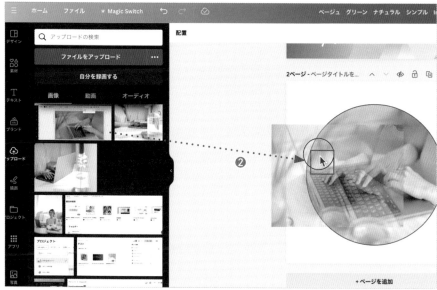

グリッド機能を利用する

グリッド機能は、複数の写真を任意の大きさや形で配置できる機能です。

1 複数の写真をきれいに配置する

サイドバーから[**素材**]>[**グリッド**]をクリックし、任意のグリッド素材をクリックします。

ここでは、2枚の写真を上下に同じ大きさで配置できるグリッド素材❶を選びました。

配置したグリッド素材に写真をドラッグ&ドロップすると、2枚の写真が均等に配置されます❷。

上部の[**間隔**]❸をクリックすると、グ
リッドの隙間を変更できます。

ここでは、スライダー❹を左端までド
ラッグし、[**グリッド間隔**]を[0]に設定
しました。

グリッドの大きさは、自由に調整でき
ます❺。

03

写真加工をしてみよう

Canvaに写真をアップロードする

CHAPTER 03 / 1

Canvaでは、写真の加工や色味の調整ができます。
加工したい写真をCanvaにアップロードしてみましょう。

1 素材の写真を入手する

Pixabayにアクセスし、検索窓に
「5601950」と入力して検索し、右の
画像をダウンロードします。

Pixabay
https://pixabay.com/ja/

Pixabayとは、高品質なロイヤリティ
フリーの画像やストック素材を無料
で入手することができる素材サイト
です。ユーザー登録しなくても素材
をダウンロードできますが、登録する
と、より便利に活用することができま
す。

2 素材写真をCanvaにアップロードする

Canvaトップページにある[**アップロード**]❶をクリックします。

💡 写真のアップロードは、デザイン作成画面左の[**アップロード**]、またはトップページの[**アップロード**]から実行できます。

[**ファイルを選択**]❷をクリックし、パソコンに保存されている写真を選択すると、写真がCanvaにアップロードされます。

💡 写真のファイルを[**ファイルをここにドロップ**]と表示されている部分にドラッグ&ドロップしてもアップロードできます。

写真がアップロードされると、右の画面が表示されます。[**写真を編集**]❸をクリックすると、写真の編集画面が表示されます。

 [**新しいデザインで使用**]❹をクリックすると、正方形やワイドスクリーンの比率（16：9）に写真のサイズを変更できます。

写真に
フィルターを付ける

写真をアップロードしたら、フィルターを設定しましょう。
元の写真に戻したり、フィルターの「あり」と「なし」を比較したりすることもできます。

1 フィルターを選択する

[**エフェクト**]にある[**フィルター**]の[**す
べて表示**]❶をクリックすると、すべて
のフィルターが表示されます。

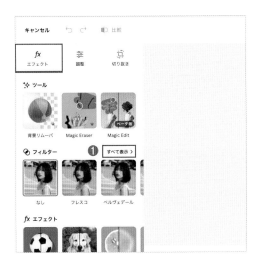

目的のフィルターを選択します。今回
は[**ベルヴェデール**]❷を選択しまし
た。

フィルターの[**強度**]は、スライダー❸を
ドラッグして調整できます。

元の写真に戻すには、[**なし**]をクリッ
クします。

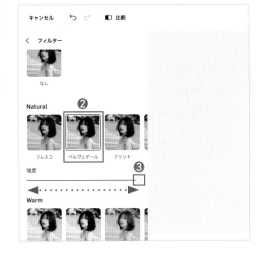

2 フィルターの「あり」と「なし」を比較する

上部の[**比較**]❶を長押しすると、一時的にフィルター設定前の画像になります。マウスを放すとフィルター適用後の画像になります。フィルターの「あり」と「なし」を比較できるので便利です。

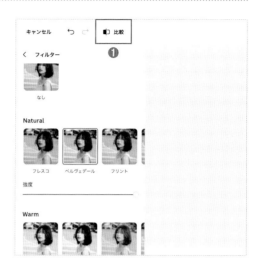

赤みが強調され、
あたたかみのある印象に!

Bafore

After

写真の色調を補正する

CHAPTER 03 / 3

次に写真の細かな色調補正をしていきましょう。

1 写真の明るさやコントラストを自動調整する

[**調整**]❶をクリックすると、写真の色
調を調整する項目が表示されます。

💡 [**調整**]が表示されていない場合は、
[**フィルター**]の左に表示されている
[<]をクリックして戻ってください。

どんな風に調整をしたらいいのかわ
からない場合は、[**自動調整**]❷をク
リックしましょう。Canva AIが写真を
最適な色味に自動調整してくれます。

Canva AIが写真の色味を
自動調整してくれた!

Bafore

After

✏ Check
手動で調整する

[自動調整]でうまくいかなかった場合は、手動で調整してみましょう。[明るさ][コントラスト][彩度][鮮明さ]など、さまざまな項目がありますので、それぞれのスライダーを動かして、好みの色味に仕上げてください。

✏ Check
被写体だけ、または背景だけを調整する

[エリアを選択]で[前景]❶を選択すると、Canva Aiが自動認識で前部分の被写体のみを選択します。その状態で[明るさ]❷のスライダーをドラッグすると、人物の明るさだけを調整できます。

[背景]❸を選択して[明るさ]❹のスライダーをドラッグすると、背景の明るさだけを調整できます。

写真を切り抜く・回転する

写真の必要な部分だけを切り抜いてみましょう。
傾いた写真を回転させて角度を調整することもできます。

1 写真を切り抜く

[切り抜き]❶をクリックして、[縦横比]
で[1:1]❷を選択すると、写真が正方
形に切り抜かれます。

 写真を切り抜くことを「トリミング」と
いいます。

その状態で写真を上下にドラッグ❸す
ると、表示位置を調整できます。

また、枠線の上にあるハンドル（白い
部分）❹にマウスポインターを重ねて
ドラッグすると、枠を拡大・縮小して
切り抜く位置を調整することができま
す。

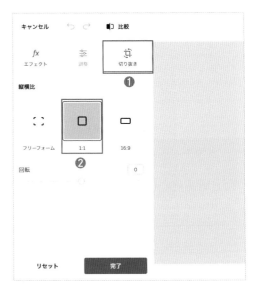

2 写真を回転する

[**回転**]のスライダー❶をドラッグすると、写真を回転できます。

🖊 Check

写真をぼかす

[**エフェクト**]>[**ぼかし**]❶をクリックすると、写真全体をぼかすことができます。

ぼかしの強度は、スライダー❷で調整しましょう。

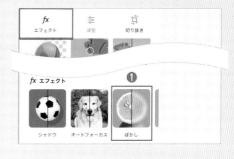

背景リムーバで背景を消す

Canva Proの機能「背景リムーバ」を使うと、
ワンクリックで簡単に背景を透過できます。

1 写真の背景を透過する

写真を選択し、[**ツール**]の[**背景リムー
バ**]❶をクリックすると、5~10秒で簡
単に背景を透過することができる。

髪の毛の細かな部分も綺麗に切り抜
かれています❷。

Canvaの無料版とPro(有料版)の違
いについては、22ページを参照して
ください。

CHAPTER 03 / 6 背景を透過した写真を使って合成写真を作る

前節で背景を透過させた写真と別の素材を組み合わせて
合成写真を作ってみましょう。

1 写真をデザインに使用する

背景を透過した写真をデザインに使
用する場合は、右上の[**デザインに使
用する**]❶をクリックします。

画面が切り替わり、Webブラウザー左
に編集用のツール❷が表示されます。

73

2 素材を配置する

［**素材**］❶をクリックし、**検索窓**に［**グラデーション**］と入力して素材を検索します❷。

［**グラフィック**］❸をクリックし、気に入った素材をクリックすると❹、素材が配置されます❺。

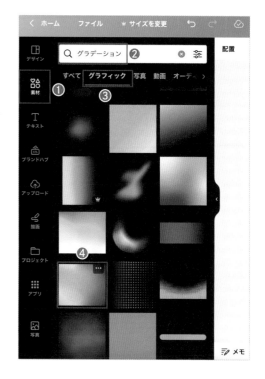

配置した素材を削除するには、素材をクリックして選択し、Delete キーを押します。

３ 重なり順を変更する

素材が写真の前面に配置されている
ので、重なり順を変更します。

重なり順を変更するには、変更したい
素材を右クリックし、[**レイヤー**]＞[**最
背面へ移動**]❶を選択します。

一番上にあったグラデーションの素材
が最背面へ移動します❷。

グラデーションの素材のサイズや位置
を、デザインに合わせて調整していき
ます。

背景を透過した写真とグラデーション
素材を合成できました。

写真に影を付ける

背景透過した画像に影をつけてみましょう。

1 シャドウを設定する

写真を選択し❶、[**写真を編集**]❷>
[**シャドウ**]❸を選択します。

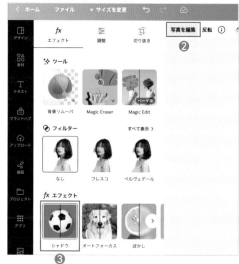

2 シャドウの効果を調整する

シャドウでは、[**グロー**][**ドロップ**][**ア
ウトライン**]という3タイプのシャドウ
効果を付けることができます。

今回は[**ドロップ**]①を選択しました。

[**サイズ**]や[**ぼかし度**]のスライダー
をドラッグすると、影のぼかし具合や
角度、色などを細かく調整できます。

影の色を白にして調整し、仕上げまし
た。

影の色を変更するには、[**カラー**]の
右にあるボックス②をクリックしま
す。カラーピッカーが表示されたら、
スライダーをドラッグしたり、カラー
フィールド内をクリックしたりして色
を指定します。カラーコードを入力し
て指定することもできます。

モックアップを作る

CHAPTER 03 / 8

写真を使ってモックアップを作ってみましょう。

1 Mockupアプリを起動する

前節で合成した画像（切り抜いた写真とグラデーション素材）を削除します。

💡 配置した素材を削除するには、素材をクリックして選択し、[delete]キーを押します。

[アップロード]からもう一度写真を配置します。

[デザインに使用する]をクリックして、編集用のタブを開きます

サイドメニューで[アプリ]>[Mockups]❶をクリックし、[開く]をクリックすると、モックアップ用の画像が表示されます。

💡 [Mockups]が見当たらない場合は、検索窓から検索してください。

💡 モックアップ画像はトップページ>[アプリ]>[Smartmockups]からも作成できます。

Check

モックアップって何?

「モックアップ」は、プロダクトデザインにおいては、実物に近い模型・試作品のことを指します。

一方、グラフィックデザインにおいては、作成したデザインが実際の状況でどのように見えるかをシミュレートすること、あるいはシュミレートするための画像のことなどを指します。たとえば、スマートフォンアプリのデザインの場合、スマホの画面にデザインをはめ込んだものをモックアップと呼び、そのデザインがどのように見えるかを確認します。

モックアップを作ることによって、デザイン画像を見ただけでは気づけなかったことに気づいたり、クライアントにデザインがどのように使われるかを視覚的に伝えることができます。

このようなモックアップ画像を作成するためのテンプレートもCanvaにはたくさん用意されています。デザインのはめ込みもかんたんにできるので、プレゼンやデザインのブラッシュアップに活用してみるとよいでしょう。

2 モックアップを作る

使用したいモックアップテンプレート
をクリックして選択します❶。

写真をモックアップテンプレートのス
マホ画面上にドラッグ＆ドロップしま
す❷。

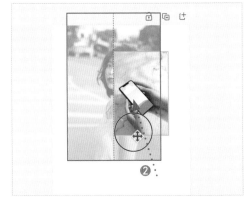

スマホ画面が女性の写真に変更され
ました❸。

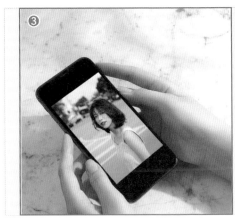

３ モックアップを編集する

モックアップ画像❶をクリックして選択し、[**編集**]❷をクリックすると編集できるようになります。

[**画像の切り抜き**]の[**幅全体**]❸をクリックすると、スマホ画面全体に写真が表示されます。

[**モックアップをクリア**]❹をクリックすると、はめ込んだ写真を削除してやり直すことができます。

04

Instagramデザインを
作ってみよう

デザイン編集画面を開く

Canvaを使えば、Instagramの投稿デザインを簡単に作成することができます。
既存のテンプレートを使用する方法もありますが、今回はゼロから作る方法をご紹介します。

1 デザイン編集画面を開く

トップページの検索窓の下に表示されるアイコンから[SNS]❶をクリックします。

[Instagramの投稿（正方形）]❷にマウスポインターを合わせると、右上に虫眼鏡アイコン❸が表示されます。クリックすると、Instagram用のテンプレートが表示されます。

今回はゼロから作るので、[空のInstagramの投稿を作成]❹をクリックします。

💡 既存のテンプレートを編集したい場合は、目的のテンプレートをクリックすると表示される画面で、[このテンプレートをカスタマイズ]をクリックします。

デザイン編集画面が開きます。

CHAPTER 04 / 2 写真を配置する

左ページで開いたデザイン編集画面に写真を配置します。
今回は、Canva内の写真素材を使用します。

1 写真を配置する

[**素材**]❶をクリックし、検索窓❷に「女性」と入力します。

[**写真**]❸をクリックすると、写真素材のみが表示されます。

💡 素材の右下に王冠マークが付いているものはCanva Proの方のみ使用可能です（無料プランではご利用いただけません）。

お好みの写真素材❹をクリックすると、デザイン上に配置されます❺。

💡 Canvaにはたくさんの素材が用意されています。素材を絞り込みたいときは[**調整マーク**]をクリックしましょう。色や向きなどで素材を絞り込むことができます。

写真の位置やサイズ、表示位置を調整する

デザイン編集画面に写真を配置したら、
位置やサイズを調整しましょう。

1 写真の位置とサイズを調整する

写真の位置を調整するには、画像をドラッグします。

画像の四隅に表示されるハンドル（白い丸）❶をドラッグすると、拡大縮小できます。

2 写真をトリミングする

写真をトリミングするには、画像の四辺中央に表示されるハンドル（白い四角）❶をドラッグします。

ハンドルを広げるようにドラッグすると写真を大きく、狭めるようにドラッグすると写真を小さくできます。

💡 写真をトリミングしても、写真の縦横比率はキープできます。

写真を正方形サイズに変更できました
❷。

⒊ 写真の表示位置を調整する

写真の表示位置を調整するには、写真
をダブルクリックします。写真全体が
表示されるので、ドラッグして表示位
置を調整します❶。

💡 表示位置がうまく調整できないとき
は、[スマート切り抜き]をクリックしま
しょう。写真の表示位置や角度が自
動調整されます。

✎ Check
写真を回転する

写真を回転するには、[回転]のスライ
ダーをドラッグして数値を変更します。

写真の色調を調整する

写真の上に図形を配置し、透明度を調整します。
写真の上に文字を配置したとき、文字が見やすくなります。

1 図形を配置する

サイドバーから[**素材**]❶をクリックします。

[**図形**]の中から[**角丸正方形**]❷をクリックすると、画像上に角丸正方形が配置されます❸。

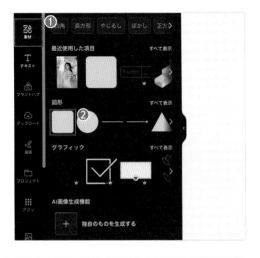

2 図形のサイズと色を変更する

上部の[**図形**]❶をクリックし、[**正方形**]❷をクリックすると、角丸正方形が正方形に変形します。

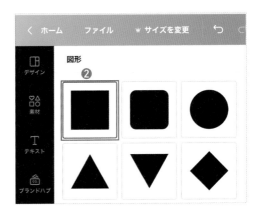

正方形を、キャンバスのサイズに拡大します❸。

[**カラー**]❹をクリックし、色を[**黒**]に変更します❺。

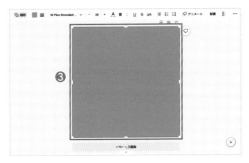

Canvaでは、デザイン作成時に色を選びやすいように、カラー候補が表示されます。

● **[文書で使用中のカラー]**
デザインで使用しているカラーです。
[+]①をクリックすると、カラーパレット②から色を選ぶことができます。
[スポイトツール]③を使うと、好きな箇所から色を抽出できます。

CanvaをSafariで使用している場合は、**[スポイトツール]**は使用できません。

● **[写真の色]**
デザインで使用している写真の色から色を抽出します。

● **[ブランドキット]**(Canva Pro機能)
あらかじめ登録したカラーパレットが表示されます。

● **[デフォルトカラー]**
よく使われる色を**[単色]**または**[グラデーション]**から選択できます。

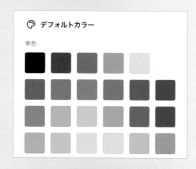

3 図形の透明度を変更する

正方形❶をクリックして選択します。

上部の[**透明度**]❷をクリックします。

スライダー❸を左方向へドラッグして
数値を下げると、正方形の透明度が下
がり、下に配置されている写真が見え
てきます。

ここでは、透明度の数値を[**40**]にしま
した。

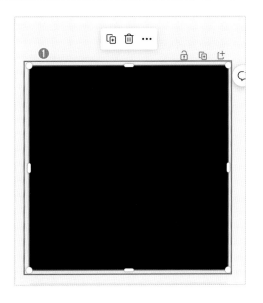

デザイン枠を作成する

よりおしゃれに仕上げるために
白いデザイン枠を追加していきましょう。

1 図形を配置して塗りの色を透明にする

先ほどと同様に[**素材**]>[**図形**]から
正方形❶を配置します。

[**カラー**]をクリックし[**文書で使用中
のカラー**]にある[**カラーなし**]❷をク
リックすると、塗りの色が透明になり
ます❸。

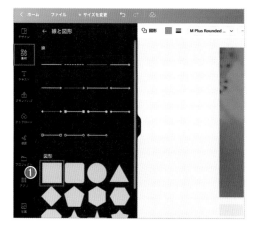

② 枠線の太さと色を設定する

上部の[罫線スタイル]>[直線]①をクリックします。

[罫線の太さ]のスライダー②をドラッグし、罫線の太さを[8]ptにします。

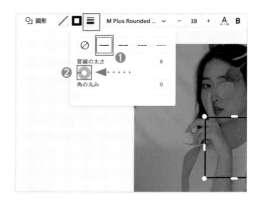

[枠線の色]>[白]③をクリックすると、枠線の色が白になります。

枠線のサイズを大きくします④。

💡 shift キーを押しながら四隅のハンドルをドラッグすると、縦横比率を保持したまま図形を拡大縮小できます。

枠線をデザインの中心に移動すると、ピンクの線が表示されます。この線を参考に、枠線をデザインの中央に配置します⑤。

文字を入力する

写真の上に文字を入力しましょう。
読みやすくするために文字の色も変更します。

1 デザインに文字を配置する

サイドバーから[テキスト]>[見出しを
追加]①をクリックすると、デザインに
文字が配置されます。

💡 [見出しを追加]、[小見出しを追
加]、[本文を追加]のいずれを選
択してもかまいません。

文字を[Secret Sale]に変更します。

紫の文字枠の四隅にあるハンドル②
をドラッグし、サイズを変更します。

[フォントボックス]③をクリックし、フォ
ントを選択します。ここでは、[Anton]
を選択しました。

上部の[テキストの色]④をクリックし、
[文書で使用中のカラー]から[#ffffff]
⑤をクリックして、文字の色を白に変
更します。

CHAPTER 04 / 7 文字にエフェクトをかける

入力した文字にエフェクトを加えましょう。
今回は、文字に影を設定します。

1 文字に影を設定する

文字を選択し、[**エフェクト**]❶をクリックします。

さまざまなエフェクトが用意されているので、お好みのエフェクトを選択します。ここでは、[**影付き**]❷をクリックし、[**カラー**]を[**#000000**](黒)❸にしました。

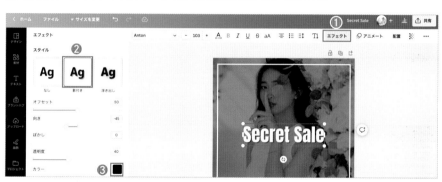

Check

文字のエフェクト

Canvaには、さまざまな文字エフェクトが用意されています。

●影付き
Secret Sale

●スプライス
Secret Sale

●グリッチ加工
Secret Sale

●浮き出し
Secret Sale

●袋文字
Secret Sale

●ネオン
Secret Sale

●中抜き
Secret Sale

●エコー
Secret Sale

●背景
Secret Sale

文字を追加する

作成した「Secret Sale」の文字の下に
文章を追加します。

1 文字を追加して色を変更する

先ほどと同様に文字を追加し、「シー
クレットセール開催中!」❶と入力しま
す。

カラーを[白]に変更し、大きさを調整
しましょう。

これで表紙のデザインは完成です。

CHAPTER 04/9　2ページ目に動画を入れる

表紙のデザインが完成したので、次は2ページ目を作成します。
動画を入れ、動きのあるデザインを作成していきましょう。

1　ページを追加する

ページを追加する方法は2通りあります。

❶新しい白紙のデザインを追加する
［ページを追加］をクリックすると、新しい白紙のページが追加されます。

❷デザインを複製する
［ページを複製］をクリックすると、デザインを複製したページを追加できます。デザインを流用したい場合に便利です。

今回は、❶の方法で新しい白紙のデザインを追加しました。

2 動画を配置する

前ページの手順で白紙のページを追加したら、Canvaの素材から動画を配置しましょう。

サイドバーから[**素材**]①をクリックし、検索窓②に[**スマホ**]と入力します。

[**動画**]③をクリックすると、スマホ向けの動画が一覧で表示されます。

お好みの動画④をクリックすると、デザインに配置されます

動画素材を拡大し、正方形に変更します⑤。

３ 動画の再生時間を調整する

[**ハサミマーク**]❶をクリックすると、動画の再生時間を調整できます❷。

動画の再生時間は、開始位置または終了位置のみを設定できます。途中部分をカットすることはできないので注意が必要です。

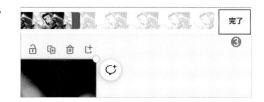

調整が終わったら、[**完了**]❸をクリックします。

動画の上に文字を追加し、大きさやカラーを変更します❹。

CHAPTER 04/10 アニメーションを付ける

前ページで追加した文字に
アニメーションを追加していきましょう。

1 文字にアニメーションを設定する

[shift]キーを押しながらクリックして、
すべての文字を選択します❶。

上部にある[アニメート]❷をクリック
し、アニメーションの種類(ここでは[ブ
リーズ])❸をクリックすると、文字にア
ニメーションが設定されます。

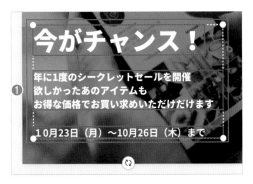

アニメーションを削除するには、アニ
メーションが設定されているものを
選択します。上部のアニメーション名
をクリックし、画面左の[アニメーショ
ンをクリアする]をクリックします。

Check

Canvaのアニメーションは、次の4種類あります。

❶素材のアニメーション
素材を選択して[**アニメート**]をクリックすると、[**素材のアニメーション**]が表示されます。

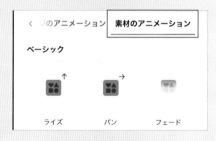

❷写真アニメーション
写真を選択して[**アニメート**]をクリックすると、[**写真アニメーション**]が表示されます。

❸テキストアニメーション
テキストを選択して[**アニメート**]をクリックすると、[**テキストアニメーション**]が表示されます。

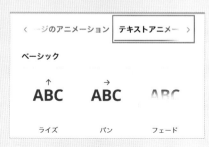

❹ページのアニメーション
上記の各アニメーションの左側には、ページ全体に動きを付ける[**ページのアニメーション**]があります。

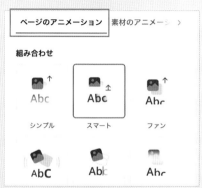

CHAPTER 04/11 画像と動画をダウンロードする

作成したデザインをダウンロードしていきましょう。
表紙の画像データと、2ページ目の動画データは、別々にダウンロードします。

1 画像データをダウンロードする

画像データをダウンロードするには、[共有]>[ダウンロード]❶をクリックします。

[ファイルの種類]❷では、[JPG]または[PNG]を選択します。

[ページを選択]❸では、[1ページ]を選択します。

[ダウンロード]❹をクリックすると、画像データがダウンロードされます。

2 動画データをダウンロードする

動画データをダウンロードするには、[**共有**]>[**ダウンロード**]❶をクリックします。

[**ファイルの種類**]❷では、[**MP4形式の動画**]を選択します。

[**ページを選択**]❸では、[**2ページ**]を選択します。

[**ダウンロード**]❹をクリックすると、動画データがダウンロードされます。

動画のページが複数ある場合、1ページずつ動画をダウンロードしましょう。複数ページにチェックを入れてダウンロードすると、チェックを入れた動画が1つの動画にまとまります。

Canva Proでは、複数の動画ページにチェックを入れ、[**ページを個別のファイルとしてダウンロードする**]にチェックを付けると、それぞれ別の動画データとしてダウンロードできます。

Check

Instagramでおすすめのテンプレート

Instagramの投稿デザインでおすすめのデザインは、投稿の最後に載せる「サンクスページ」です。

アカウントについての紹介やいいね、コメント、保存を促すことで投稿のエンゲージ（投稿に対するユーザーの反応）を上げることができます。

Canvaでは、トップページの検索窓❶に[**サンクスページ**]と入力して検索すると、サンクスページのテンプレートがたくさん表示されます。お好みのデザインを見つけましょう。

バナーデザインを作ってみよう

デザイン編集画面を開く

ここからは、素材を組み合わせたり、テキストエフェクトを使ったりしながら
セミナーやイベント告知時に使えるバナーデザインを作成していきましょう。

1 今回作成していくバナーデザイン

今回は、サイズが1280×720pxのバナーを作成します。

1280px

720px

円形のフレームに
写真を挿入します。

グラデーションが設定された背景
に、グラフィック素材を配置します。

文字を配置し、文字のカラーや背景
を設定します。

2 カスタムサイズでデザイン編集画面を開く

指定のサイズでデザインを作成するには、トップ画面の[**カスタムサイズ**]❶をクリックし、[**幅**]と[**高さ**]に任意の数値を入力します。ここでは[**幅**]に[**1280**]、[**高さ**]に[**720**]と入力❷しました。

[**新しいデザインを作成**]❸をクリックすると、先ほど設定したサイズでデザイン編集画面が開きます。

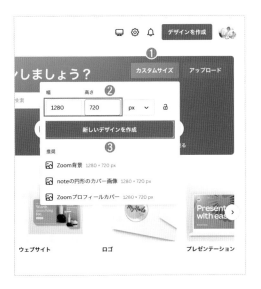

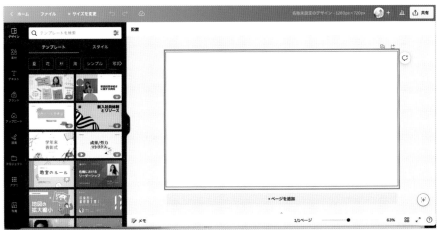

背景のグラデーションを作成する

まずは背景のグラデーションから作成していきましょう。

1 正方形を配置する

サイドバーの[**素材**]❶をクリックし、[**図形**]>[**正方形**]❷をクリックすると、正方形が配置されます。

配置された正方形❸を選択し、上部の[**カラー**]❹をクリックすると、画面左に色の一覧が表示されます。

スクロールすると、[**グラデーション**]❺があるので好きな色をクリックします。

図形にグラデーションが設定されます。

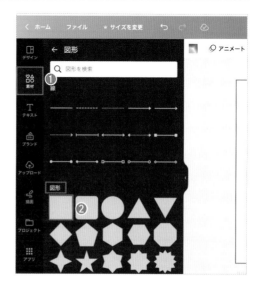

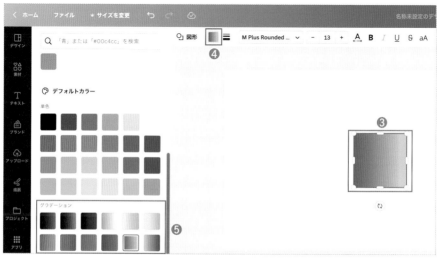

2 グラデーションの色を変更する

正方形を選択し、[**カラー**]❶を再度クリックすると、[**文書で使用中のカラー**]❷の中に使用しているグラデーションカラーが表示されます。

[**グラデーションカラー**]❸の色をクリックし、好きな色に変更すると、グラデーションのカラーをそれぞれ変更することができます。

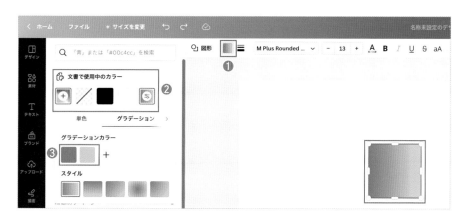

[**グラデーションカラー**]の[+]をクリックすると、グラデーションカラーを追加できます。

[**スタイル**]でグラデーションの向きを変更することもできます。

グラデーションが設定された正方形を、デザインのサイズに拡大しましょう❹。

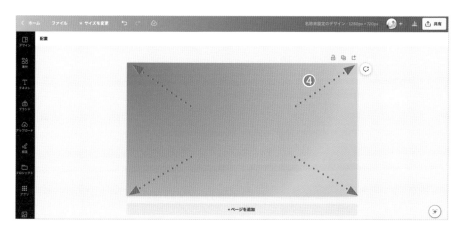

グラフィック素材を追加する

次に、グラデーションが設定された背景の上に
グラフィック素材を追加していきましょう。

1 グラフィック素材の一覧を表示する

サイドバーの[**素材**]❶をクリックし、
検索窓に[**デジタル**]❷と入力して、[**グ
ラフィック**]❸をクリックします。

素材の一覧が表示されます。気に入っ
た素材❹をクリックして、デザインに追
加❺します。

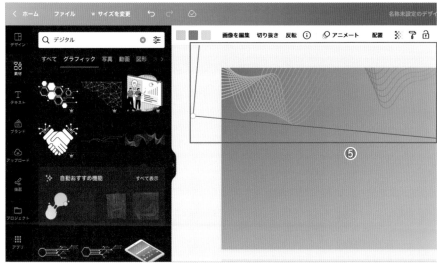

2 グラフィック素材をよく使う素材として登録する

気に入った素材があれば、よく使う素材として登録しておきましょう。

素材を登録するには、素材の右上にある[…]❶をクリックし、[**スターを付ける**]❷をクリックします。

登録した素材は、サイドバーの[**プロジェクト**]>[**スター付き**]❸から確認できます。

素材だけでなくテンプレートを登録することもできます。

グラフィック素材を編集する

グラフィック素材を背景の上下に配置します。
複製と反転を使うとすぐにできます。

1 素材を複製する

デザインに追加したグラフィック素材
を複製していきましょう。

グラフィック素材を選択すると、[**複製**]
ボタン①が表示されます。クリックする
と簡単に素材を複製することができま
す。

2 素材を反転する

素材を反転するには、素材を選択して上部バーの[**反転**]①をクリックし、[**水平に反転**]また
は[**垂直に反転**]をクリックします。ここでは[**水平に反転**]②をクリックします。

素材を反転すること
ができたので、位置
やサイズを調整して
いきましょう。

3 円形の図形を配置する

サイドバーの[**素材**]
をクリックし、[**図形**]
で丸をクリックしま
す。

丸を選択した状態で
上部の[**カラー**]❶を
クリックし、グラデー
ションカラー❷に変
更します。

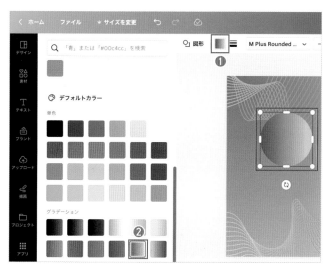

先ほどと同様の操作
で複製し、位置を調
整しましょう。

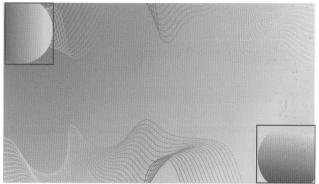

CHAPTER 05 / 5 写真を配置する

**フレーム素材を配置し、
その中に写真を挿入します。**

1 フレーム素材を配置する

次にフレームを配置して写真を挿入し
ていきます。

サイドバーの[**素材**]❶をクリックし、下
へスクロールしていくと[**フレーム**]が
あります。

[**すべて表示**]❷をクリックすると、す
べてのフレームデザインが表示されま
す。

今回はシンプルな丸フレーム❸をク
リックして配置しました。

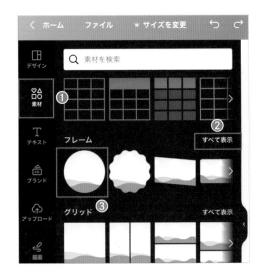

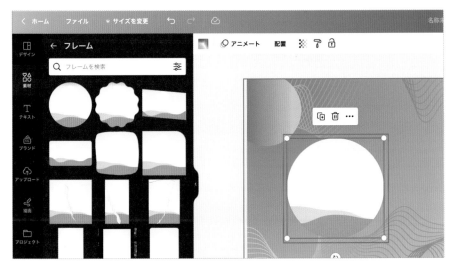

2 フレーム内に写真を挿入する

続いて写真素材をフレームに挿入していきます。

サイドバーの[素材]にある検索窓に[女性]①と入力して検索し、[写真]②で絞りましょう。

挿入したい写真をフレームにドラッグ&ドロップ③すると、写真をフレーム内に挿入することができます④。

挿入した写真をダブルクリックすると、写真の位置やサイズを調整できます。

調整が終わったら画面左下に表示されている[完了]をクリックしてください。

同様の手順で男性の写真もフレーム内に挿入しましょう⑤。

 Check

手持ちの写真を使いたいときは?

ここではCanvaの素材写真をフレームに挿入していますが、自分が持っている写真を挿入することもできます。

Canvaで写真を使うためには、サイドバーの[アップロード]>[ファイルをアップロード]をクリックして、写真をアップロードします。

アップロードした写真をフレームにドラッグ&ドロップすると、フレーム内に写真を挿入することができます。

CHAPTER 05/6 文字を入力する

バナーデザインのメインである
キャッチコピー(イベント名)を配置していきます。

1 文字エフェクトを使う

サイドバーの[**テキスト**]❶をクリックし、[**テキストボックスを追加**]❷をクリックすると、テキストボックスが配置されます。テキストボックスを2つ配置し、[**個人事業主のための**]と[**最新デジタル戦略**]❸を入力します。

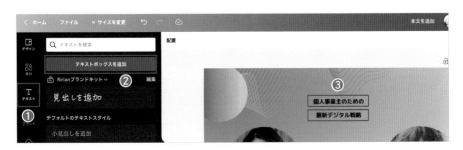

[**個人事業主のための**]❹を選択し、上部の[**エフェクト**]❺をクリックすると、文字エフェクトが表示されます。

[**背景**]❻をクリックすると、文字の後ろに背景が追加されます。

[**丸み**]❼を[0]にすると、背景の丸みがなくなり長方形になります。

[**カラー**]❽を[白]に変更します。

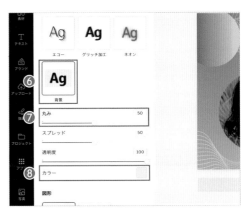

[**スプレッド**]は、文字の背景の大きさを変更できます。
[**透明度**]の数値を小さくすると、文字の背景が薄くなります。

2 文字のスタイルをコピーする

設定したスタイルをコピーしていきま
しょう。スタイルをコピーすると、文字
のフォントやサイズ、カラー、エフェクト
などを反映することができます

[個人事業主のための]❶を選択し、右
上の［…］を❷クリックし、[**スタイルを
コピー**]を❸クリックすると、スタイル
がコピーされます。

[**最新デジタル戦略**]❹をクリックする
と、コピーしたスタイルが貼り付けら
れます。

テキストの大きさやバランスを調整し
ます❺。

写真が挿入された2つのフレームを
Shift キーを押しながらクリックして
選択します❻。中央にピンクの太い線
が表示される位置にドラッグすると、
中央に配置できます。

[**最新デジタル戦略**]❶を選択して、上部のフォント名❷をクリックし、フォントを変更します。ここでは、[**ZEN角ゴシックNEW**]❸を選択しました。

[**すべて変更**]❹をクリックすると、デザイン中のフォントを一括して[**ZEN角ゴシックNEW**]に変更できます。

先頭に[>]が付いているフォントは、フォントのウェイト(太さ)を選択できます。

テキストボックスを追加し、[小山あか
ね]と入力します。上部バーの[縦書き
のテキスト]❶をクリックすると、文字
が縦書きになります。

上部バーの[スペース]❷をクリックし、
[文字間隔]❸のスライダーを動かす
と、文字の間隔を調整できます。

文字の間隔を狭めたいときはマイナ
スの数値に、広めたいときはプラスの
数値にします。

同様の手順で、縦書きの[フリーライ
ター]のテキストボックスも挿入し、位
置を調整しておきます。

複数のテキストをグループ化すると、1つの固まりとして移動したり、大きさを調整したりすることができるのでとても便利です。

[フリーライター]と[小山あかね]を[Shift]キーを押しながら選択すると、[グループ化]❶が表示されます。

[グループ化]をクリックすると、2つのテキストをグループ化できます。

テキストの文字色を[白]に変更します❷。

グループ化したテキストを複製し、右側に移動します。

[グループ解除]❸をクリックするとグループ化が解除され、テキストを編集できるようになります。[経営コンサルタント][早川淳]と入力しておきましょう。

6 日付・時間を入れる

テキストボックスを2つ作成し、日付を
大きめに「5.12」、曜日を少し小さめに
「Fri」と入力します❶。

次に、[**個人事業主のための**]❷を選択し、複製して下へ移動します❸。

[**エフェクト**]の背景のカラーを[**白**]から[**黒**]❹に変更しましょう。

文字を[**20:00~21:00**]❺に変更し、上
部の[**A**]❻をクリックして、文字カラー
を[**白**]にします。

これでバナーデザインの完成です。

画像をダウンロードする

完成したデザインを
ダウンロードしていきましょう。

1 ダウンロードする

右上の[**共有**]❶をクリックし、[**ダウンロード**]❷をクリックします。

[**ファイルの種類**]❸で[**PNG**]を選択し、[**ダウンロード**]❹をクリックすると、作成したデザインがダウンロードされます。

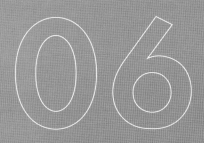

プレゼン資料を作ってみよう

プレゼンテーションの
テンプレートを開く

この章ではプレゼン資料の効率的な作り方、表やグラフの挿入方法をご紹介します。
また、実際のプレゼンでの資料の使い方も解説します。

1 テンプレートを開く

トップページの検索窓の下に表示されるアイコンから[**プレゼンテーション**]❶をクリックします。

[**プレゼンテーション(16:9)**]❷をクリックします。

今回は「新卒採用会社説明会」のプレゼン資料を作成します。

検索窓❸に「水色　企業案内　ビジネス」と入力して検索します。

検索結果に表示された❹のテンプレートをクリックします。

2 ページを追加する

右ページの手順でデザイン編集画面
を開くと、テンプレートの1ページ目の
みしか作成されません。ページを追加
しましょう。

今回はテンプレートに含まれるすべて
のページを使用するため、[**26ページ
すべてに適用**]❶をクリックします。

26ページ分のテンプレートが追加され
ました。❷

> 1ページずつ追加する場合は、左
> 側に表示されているページ一覧
> から使いたいものをクリックして
> 追加してください。

> 画面下に表示されているページ
> のサムネイルをクリックすると、そ
> のページに移動できます。

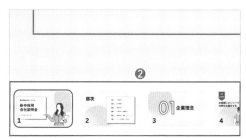

Check
ページの追加と削除、入れ替え

ページのサムネイルにマウスポ
インターを合わせると表示され
る[…]❶をクリックすると、ペー
ジの追加や削除ができます。

また、ページを入れ替えたい場
合は、ページのサムネイルをド
ラッグ❷します。

テンプレートの色を
まとめて変更する

次に、テンプレートの色を変更します。
すべてのページの色をまとめて変更しましょう。

1 色をまとめて変更する

変更したい背景部分をクリックして選
択し❶、[**カラー**]をクリックします❷。

変更したいカラー❸をクリックします。
ここでは、ピンクを選択しました。

[**すべて変更**]❹をクリックすると、同
じテンプレートが適用されているほか
のページの背景部分の色もまとめて
変更されます❺。

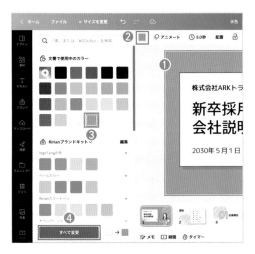

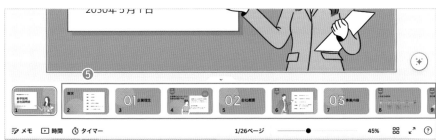

同様の手順で、円形のストライプ❻の
色を青から白にまとめて変更します。

CHAPTER 06/3 フォントや文字を まとめて変更する

テンプレートの色を変更したら、フォントもまとめて変更しましょう。
特定の文字を置換することもできます。

1 フォントをまとめて変更する

文字を選択し、上部の[**フォント名**]❶
をクリックします。

検索窓❷に[**筑紫**]と入力し、[**筑紫B
明朝**]❸をクリックします。

[**すべて変更**]❹をクリックすると、テ
ンプレートで使われているフォントが
まとめて変更されます。

ここでは、「Noto Sans JP」が「筑紫B
明朝」にまとめて変更されました❺。

💡 「Noto Sans JP」以外のフォント
は変更されません。

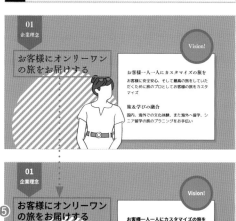

2 文字を置換する

テンプレート内に使われている言葉を
まとめて置換します。ここでは会社名を
「株式会社ARKトラベル」→「株式会
社Ririan&Co」に置換します。

以下のキーを押します❶。

Mac：⌘ + F
Windows：ctrl + F

置換用の画面が表示されるので、[**探
す**]❷に置換前の文字(ここでは「株式
会社ARKトラベル」)を入力します。該
当する文字が選択されます。[**以下の
テキストに置き換える**]❸に置換後の
文字(ここでは「株式会社Ririan&Co」)
を入力します。

選択されている該当の文字だけを置
き換えたい場合は[**置き換える**]❹、テ
ンプレート内のすべての文字をまとめ
て変更したい場合は[**すべて置き換え
る**]❺をクリックします。

プレゼンテーション内の文字を変更す
ることができました❻。

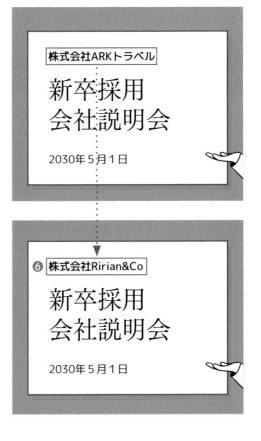

128

続いて、プレゼンテーション資料のページを
増やしていきましょう。

1 ページを追加する

[＋]❶をクリックすると、新しい白紙の
ページが追加されます。

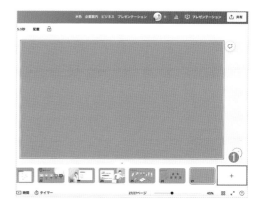

サイドバーから[**デザイン**]＞[←]❷を
クリックします。

[**レイアウト**]❸をクリックすると、プレ
ゼンテーション資料のレイアウトが一
覧表示されます。利用したいレイアウ
トをクリックします。

検索窓には何も入れないで[**レイア
ウト**]をクリックしてください。

[**レイアウト**]に表示されるレイアウト
は、作成中のデザインの色やフォン
トに合わせて提案されます。

レイアウトを変更する

「レイアウトがなんだかしっくりこない」「違うレイアウトも見てみたいな」といった場合は、
レイアウトを変更できます。

1 すでに作成したページのレイアウトを変更する

ページをクリックして選択し❶、[**デザイン**]>[**レイアウト**]❷をクリックすると、レイアウト
の一覧が表示されます。

利用したいレイアウトをクリックすると、デザインに反映されます。

✏ Check

レイアウトが表示されないことがある

ページ上の素材が多い場合は、レイア
ウトが表示されないことがあります。
その場合は、ページ上の素材の数を減
らしてみましょう。

CHAPTER 06 / 6　ページを移動する

ページの数が増えてくると、編集したいページへの移動に手間がかかります。
そんなときは[グリッドビュー]を利用しましょう。

1 編集するページを表示する

右下の[**グリッドビュー**]❶をクリックすると、グリッドビュー❷に切り替わります。

グリッドビューでは、プレゼンテーション資料のページが一覧で表示されます。編集したいページをダブルクリックすると、デザイン編集画面に切り替わります。

2 ページの順番を変更する

グリッドビューでは、ページをドラッグして順番を変更できます。

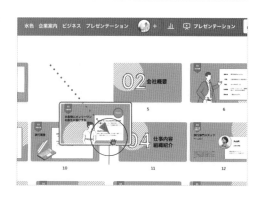

グリッドビューでは、ページを右クリックしてページの複製や削除を行うこともできます。

ホワイトボードに展開する

チームでプレゼン資料を作成する際、ミーティングで内容について話し合ったり、資料に改善を加えたりすることがあります。その場合、ホワイトボード機能が役に立ちます。

1 ページをホワイトボードに展開する

ホワイトボードにしたいページのサムネイルにマウスポインターを合わせ、[…] > [ホワイトボードに展開する]❶をクリックすると、選択したページがホワイトボードに表示されます。

 ページをホワイトボードに表示するためには、画面下部にサムネイルを表示しておく必要があります。サムネイルが表示されていない場合は、画面下にある[^]（ページを表示）をクリックします。

ページをホワイトボードに表示すると、[素材]に[付箋]❷が追加されます。付箋を利用すると、自由にコメントを追加することができます❸。コメントしたユーザーの名前も自動的に入力されます。

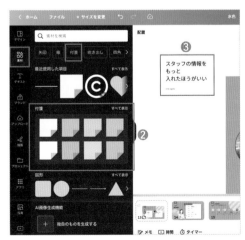

 プレゼンテーション資料の共有方法については、150ページで紹介しています。

[**素材**]から[**線**]❹をクリックし、付箋
の四辺中央❺にマウスポインターを
合わせると、マウスポインターが吸着
します。このまま線を作成すると、付箋
の辺の中心から線を引くことができま
す。

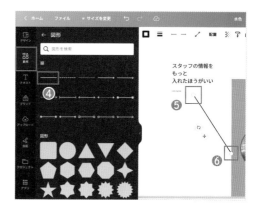

そのままマウスポインターを素材の四
辺中央❻までドラッグすると、マウス
ポインターが吸着します。

付箋と素材を結ぶ線❼が作成され、ど
の部分にコメントを入れているかが
わかりやすくなります。

また、[**素材**]には[**ホワイトボードグラ
フィック**]❽が追加されます。コメント
にリアクションをしたり、賛成、反対な
ど意見を出し合ったりするのに活用し
ましょう。

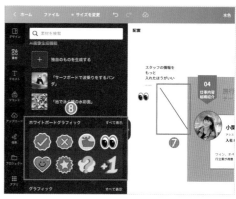

2 ホワイトボードを終了する

会議が終了したら、ページのサムネイ
ルから[…]＞[**ホワイトボードを折りた
たむ**]❶をクリックすると、ホワイトボー
ドが終了します。

💡 ホワイトボードを終了しても、付箋や
ホワイトボードグラフィックは表示さ
れます。

プレゼンテーション資料に
Webサイトへのリンクを設定しましょう。

1 文字にWebページへのリンクを設定する

リンクを設定したい文字を選択します
❶。

文字がグループ化されている場合は、
[**グループ解除**]❷をクリックしてグ
ループ化を解除します。

選択した文字を右クリックし、[**リンク**]
❸をクリックします。

入力欄❹にURLを入力し、Enter キー
を押すと、文字にリンクが設定されま
す❺。リンクが設定された文字には、
下線が表示されます。

 リンクが設定された文字を選択し、
上部の[**U（下線）**]をクリックすると、
下線を消去できます。

 リンクを設定するショートカットキー
Mac: ⌘ + K
Windows：Ctrl + K

CHAPTER 06/9 表を配置する

プレゼンテーション資料に
表を配置しましょう。

1 表を配置する

[素材]>[表]>[すべて表示]❶ をク
リックします。

好きな表のレイアウト❷をクリックす
ると、デザインに表が配置されます
❸。

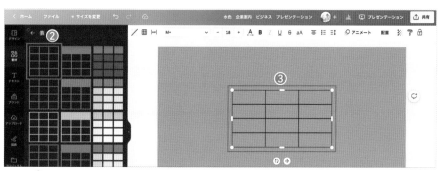

✎ Check
行や列を追加・削除する

表を選択して右クリックすると、列や行
の追加や削除、移動などができます。

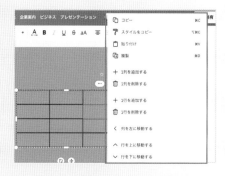

2 セルを結合する

複数のセルを選択し、右クリックして[○個のセルを結合]①をクリックすると、セルを結合できます

ここでは4個のセルを結合しました②。

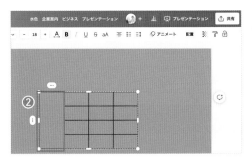

3 セルの数を指定して表を作成する

Canvaでは、セルの数を指定して表を作成することもできます。

デザイン編集画面右下にある[Canvaアシスタント]①をクリックします。

検索窓②に[表]と入力すると、[アクション]に[表]③が表示されるのでクリックします。

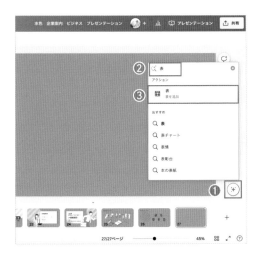

作成したいセルの数をドラッグしなが
ら指定し④、 Enter を押すと、表が作
成されます⑤。

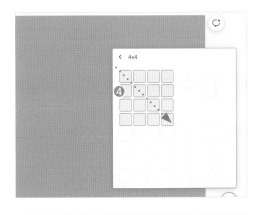

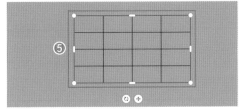

⟍⟋ 表のデザインを編集する

作成した表の塗りの色や罫線は自由
に編集することができます。

セルを選択し①、[**カラー**]②をクリッ
クして、目的の色(ここでは[#ffffff]
(白))③をクリックすると、セルの色が
変更されます。

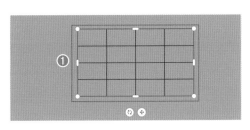

[**罫線**]❹をクリックすると、罫線を設定する部分❺や罫線の色❻、罫線の種類と太さ❼などを設定できます。

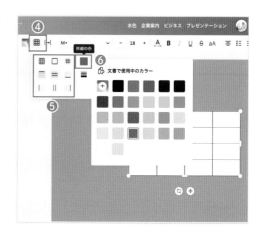

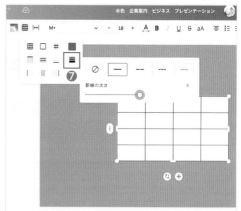

[**セルの間隔**]❽では、セル間の間隔や余白をスライダーで調整できます。

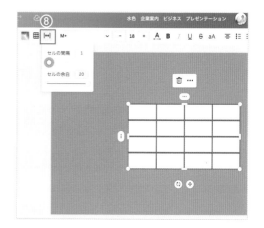

CHAPTER 06/10 プレゼン資料を翻訳する

作成したプレゼンテーション資料は、
さまざまな言語に翻訳することができます。

1 翻訳したページを追加する

[アプリ]>[翻訳]❶をクリックします。

💡 上部の[Magic Switch]>[翻訳]で
も同様の操作ができます。

[翻訳先言語]❷で翻訳先の言語(ここ
では[英語])を選択し、翻訳したいペー
ジにチェックを付けて❸、[完了]❹を
クリックします。

[**翻訳する**]❺をクリックすると、英語
のページが追加されます❻。

元の日本語のページは残したまま、
翻訳ページを追加できます。

2 ページの一部を翻訳する

翻訳先言語❶を[**韓国語**]にし、[**現在のページからテキストを選択**]❷と翻訳したいパーツ
❸にチェックを付けて[**翻訳する**]❹をクリックすると、選択したパーツのみ韓国語に変換で
きます。

翻訳機能は、Canva Proで月500回、無料版で月50回まで使用できます。

プレゼン資料に
アニメーションを設定する

プレゼンテーション資料には
アニメーションを設定することができます。

1 アニメーションを設定する

デザインの背景❶を選択し、上部の
[**アニメート**]❷をクリックします。

[**ページのアニメーション**]から好きな
アニメーションをクリックして選択しま
す。ここでは[**シンプル**]❸を選択しま
した。

各アニメーション上にマウスポイン
ターを合わせると、動きを確認でき
ます。

[**シンプル**]では、アニメーションを[**開
始時**]のみか[**終了時**]のみか、または
[**両方**]につけるかを選択できます❹。

[**すべてのページに適用**]❺をクリッ
クすると、すべてのページに同じアニ
メーションをまとめて設定できます。

アニメーションを解除するには、[**す
べてのアニメーションを削除**]❻をク
リックします。

Canva上でプレゼンを実行する

Canvaで作成したプレゼンテーション資料を用いて、
Canva上でプレゼンを実行したり、録画したりしていきましょう。

1 Canva上でプレゼンを実行する

プレゼンテーションを実行するには、上部の[**プレゼンテーション**]❶をクリックし、プレゼンテーションの方法を選択します❷。次の4つの方法があります。

●**全画面表示**
●**プレゼンタービュー**
●**プレゼンテーションと録画**
●**自動再生**

ここでは[**全画面表示**]を選択しました。

[**プレゼンテーション**]❸をクリックすると、選択した方法でプレゼンテーションが実行されます。

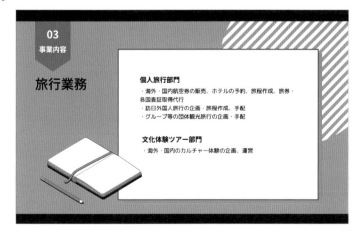

全画面表示

プレゼンテーション資料が全画面に表示されます。

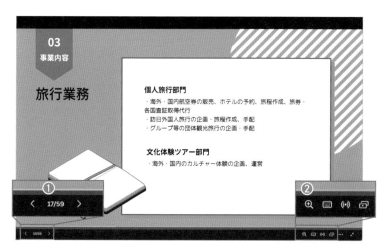

❶ページ番号	ページ番号をクリックすると、数字を入力でき、任意のページへ移動できます。
❷虫眼鏡アイコン	表示倍率を調整できます。

プレゼンタービュー

参加者ウィンドウとプレゼンウィンドウの2つが表示されます。

●参加者ウィンドウ

参加者ウィンドウでは、実際にどのように表示されているかを確認できます。

●プレゼンウィンドウ

プレゼンウィンドウには、プレゼンを円滑に行うためのさまざまなツールが用意されています。

❶現在の時刻	現在の時刻が表示されています。
❷プレゼンテーションタイマー	プレゼンの経過時間がカウントされます。
❸リセット	プレゼンの経過時間をリセットします。
❹一時停止	プレゼンの経過時間を一時停止します。
❺マジックショートカット	プレゼンを盛り上げるための絵文字などを表示できます。
❻リモートコントロール	QRコードをスマホで読み取ると、スマホからプレゼンを操作できます。
❼タイマー	タイマーを表示します。
❽メモ	右下の鉛筆アイコンをクリックすると、ページごとにメモを入力できます。文字の大きさは[＋][－]で調整できます。
❾Canvaライブ	ほかのユーザーにプレゼンへのリンクを知らせることで、プレゼンに参加させることができます。
❿プレゼンテーションの終了	プレゼンを終了します。

プレゼンテーションと録画

プレゼンテーションに自分の顔や音声を録画・録音して共有やダウンロードすることができます。

[プレゼンテーション]>[プレゼンテーションと録画]をクリックし、[レコーディングスタジオへ移動]❶をクリックすると、[カメラとマイクの設定]が表示されます。ここでは、カメラとマイクの設定ができます❷。

[録画を開始]❸をクリックすると、録画がスタートします。プレゼンテーション資料を見ながら音声を録画します。

[一時停止]❹をクリックすると、録画を一時停止できます。

[録画を終了]❺をクリックすると、録画を終了できます。

前ページの手順で録画を終了すると、
[**録画リンクの準備ができました。**]と
表示されます。

[**保存して終了**]❻をクリックすると、
Canva内に保存されます。[**ダウンロー
ド**]❼をクリックすると、MP4データと
してダウンロードできます。[**破棄**]❽
をクリックすると、録画データを削除で
きます。

[**コピー**]をクリックすると、録画へ
のリンクがコピーされます。リンクを
メールなどでほかのユーザーに伝え
ると、Canvaにサインインしなくても
録画したプレゼンテーション資料を
閲覧できます。

自動再生

プレゼンテーション資料が、自動的に再生されます。

CHAPTER 06/13 プレゼン資料を インターネット上に公開する

作成したプレゼンテーション資料は、
Webサイトとして共有できます。

1 Webサイトとして公開する

[共有]>[Webサイト]❶をクリックし
ます。

表示方法❷は、[プレゼンテーション]
[スクロール][クラシックスタイルのナ
ビゲーション][スタンダード]の4種類
ありますが、おすすめは[スクロール]
です。

[スクロール]では、Webサイトのペー
ジが滑らかに移動するため、パララッ
クス効果が生まれやすくなります。

💡 パララックス効果とは日本語で「視差
効果」のこと。画面に動きをつけるこ
とで奥行き感が生まれ、おしゃれな
雰囲気を演出したり、見る人に強い
印象を持ってもらったりすることがで
きます。

[**クラシックスタイルのナビゲーション**]の場合は、画面上部にプレゼンテーション資料のタイトル、右側にはハンバーガーメニュー❶が表示されます。

ハンバーガーメニューをクリックすると、プレゼンテーション資料の下層ページ❷が表示されます。

任意のページタイトルをクリックすると、そのページまでジャンプできます。

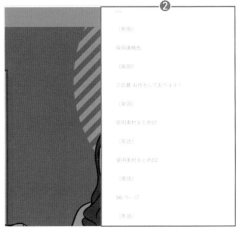

Check
ページのタイトルを設定する

プレゼンテーション資料の各ページにタイトルを付けることができます。

画面下に表示されているページのサムネイル右上の[…]をクリックし、[**ページタイトルを追加**]を選択すると、任意のページタイトルを付けることができます。

CHAPTER 06/14 プレゼン資料をダウンロードする

作成したプレゼンテーション資料をダウンロードし、
パソコンに保存しましょう。

1 ダウンロードする

[共有] > [ダウンロード]❶をクリック
します。

[ファイルの種類]❷では、[PDF]や
[PNG]、[PPTX]（Power Point形式）
などから、ダウンロードするファイルの
形式を選択できます。

[ページを選択]❸では、ダウンロード
するページを指定できます。初期設定
では、すべてのページがダウンロード
されます。

[ダウンロード]❹をクリックすると、プ
レゼンテーション資料がダウンロード
されます。

 Canvaで作成したプレゼンテーショ
ン資料は、PowerPointのファイルと
してダウンロードできます。
また、PowerPointのファイルをデザ
イン編集画面、またはCanvaのトッ
プ画面にドラッグすると、アップロー
ドできます。
アップロードしたPowerPointのファ
イルは、トップページの[最近のデザ
イン]に表示されます。ファイルをク
リックすると、Canva上で編集できま
す。

プレゼン資料を
チームで共有する

CHAPTER
06/15

作成したプレゼンテーション資料は、他の人と共有することができます。
共有方法はいくつかあるので、やりやすい方法で共有しましょう。

1 閲覧専用リンクで共有する

[**閲覧専用リンク**]で共有すると、デー
タの添付やダウンロードの手間をか
けずに、ほかのユーザーとプレゼン
テーション資料を共有できます。

リンクを共有するには、[**共有**]>[**閲
覧専用リンク**]❶をクリックします。

閲覧専用リンク❷が表示されるので、
[**コピー**]❸をクリックすると、リンクが
コピーされます。メールやメッセージア
プリなどを使ってほかのユーザーにリ
ンクを伝えます。

リンクを受け取ったユーザーは、リンク
をクリックするとプレゼンテーション資
料を閲覧できます。

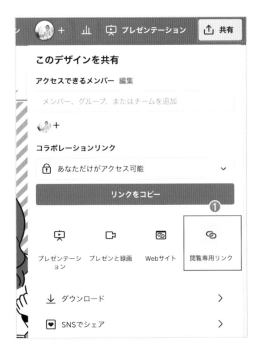

閲覧専用のリンクは、Canva ユー
ザーでなくても閲覧できます。

2 コラボレーションリンクで共有する

[共有] > [コラボレーションリンク] ❶ の欄をクリックし、[リンクを知っている人全員] ❷ をクリックします。

右の欄❸をクリックし、共有範囲を次の中から選択します。

● [表示可]
共有者は資料を閲覧できます。Canvaへのログインは不要です。

● [コメント可]
共有者は資料を閲覧・コメントすることができます。コメントする場合はCanvaへのログインが必要です。

● [編集可]
共有者は資料を閲覧・コメント・編集することができます。コメントや編集をする場合はCanvaへのログインが必要です。

以前のデザインに戻したいときに便利な
バージョン履歴機能!

Canva Proの機能

プレゼンテーション資料を作成し
ていて、「以前のデータに戻した
い!」という場面もありますよね。そ
んなときに便利なのが**バージョン
履歴**機能です。

[**ファイル**]>[**バージョン履歴**]❶を
クリックすると、Canvaによって自
動保存されたデータが、日時ごと
に表示されます。

復元したい日時のデータをクリッ
クし❷、[**このバージョンを復元す
る**]❸をクリックすると、以前のデ
ザインに戻すことができます。

[**コピーを作成**]❹をクリックする
と、現在のデザインを残したまま、
別デザインとして以前のデータを
復元できます。

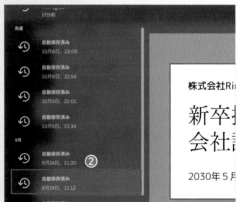

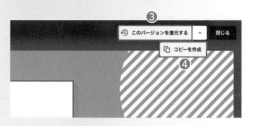

07

印刷物を作ってみよう

Canvaで作成できる主な印刷物

この章ではCanvaを使った印刷物の作成方法やコツについてご紹介します。
まずは、どんなものが作れるのか見てみましょう。

1 招待状

まずは招待状です。

Canvaには、結婚式やイベントをお知
らせする招待状のテンプレートがあり
ます。

トップページの検索窓❶に[招待状]と
入力すると、いくつかのサジェスト(予
測変換)が表示されます。

 サジェストの左に手紙アイコン❷が
表示されているものは、Canva内
で印刷まで行うことができるテンプ
レートが多く表示されます。

気に入ったデザインテンプレートをク
リックすると、ポップアップでサンプル
画面が表示されます。

サンプル画面で[**印刷オプション**]**❸**が
表示されているテンプレートは、イン
ターネットを介して印刷を注文できます
(166ページ参照)。

[**印刷オプション**]が表示されていない
テンプレートは、デザインをダウンロー
ドし、個人のプリンターで印刷する必
要があります(168ページ参照)。

2 ポストカード

次にポストカードです。

誕生日のメッセージカードやサンクス
カードなど、さまざまなシチュエーショ
ンで使用できるデザインが用意されて
います。

トップページの検索窓**❶**に[**ポストカー
ド**]と入力して検索すると、ポストカー
ドに関するテンプレートが表示されま
す。

サジェストの左にポストカードアイ
コン**❷**が表示されているものは、
Canva内で印刷まで行うことができ
るテンプレートが多く表示されます。

Canvaの印刷物で人気があるのはチラシのデザインです。

さまざまな業種で使えるチラシのテンプレートが揃っています。

サジェストの左にチラシアイコン①が表示されているものは、Canva内で印刷まで行うことができるテンプレートが多く表示されます。

● **チラシテンプレートの効率的な探し方①　2つの検索ワードで探す**

チラシのデザインはテンプレート数が多いため、[**チラシ**]+[**探したい名前**]で検索すると、そのカテゴリーのデザインテンプレートが表示されやすくなります。

たとえば、[**チラシ**]+[**求人**]で検索すると、求人に関するデザインテンプレートが表示されます。

[**チラシ**]+[**祭り**]や[**チラシ**]+[**運動会**]など、こんなチラシのテンプレートはないだろうな、と思うものも探してみると意外とあります。[**チラシ**]+[**探したい名前**]で探してみましょう!

● テンプレートの探し方のコツ② 似た画像で探す

まずイメージに近いテンプレートをク
リックし、スクロールすると似た画像
のテンプレートが表示されます。

ここから直感的にイメージに近いテン
プレートを探すことができます。

4 マグカップ

Canva内でマグカップのデザイン、印
刷を行うこともできます。

トップページの検索窓❶に［**マグカッ
プ**］と入力して検索すると、マグカップ
に関するテンプレートが表示されま
す。

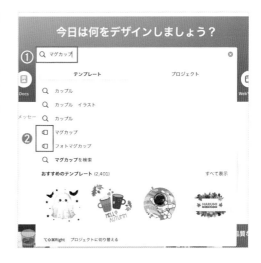

サジェストの左にマグカップアイ
コン❷が表示されているものは、
Canva内で印刷まで行うことができ
るテンプレートが多く表示されます。

5 名刺

最後に名刺のテンプレートです。

ビジネス系からエレガントなデザイン
までさまざまなテイストのテンプレー
トがあります。

トップページの検索窓❶に[**名刺**]と入
力して検索すると、名刺に関するテン
プレートが表示されます。

テンプレートにマウスポインターを
合わせたとき、[**1/2~2/2**]と表示さ
れるものは表裏のデザインがあるテ
ンプレートです。

トップページの検索窓に[**名刺 角丸**]
と入力すると、角丸名刺のテンプレー
トが表示されます。

印刷デザインで使える便利機能

Canvaで印刷デザインを作成する際に知っておきたい
便利な機能をご紹介していきます。

1 定規からガイドを作成する

図形などを整列させたいときに便利
な機能が定規とガイドです。

[**ファイル**]>[**表示の設定**]>[**定規と
ガイドを表示**]❶をクリックすると、画
面の左端と上端に定規が表示されま
す。

左端の定規❷からドラッグすると、縦
方向のガイドを作成できます。

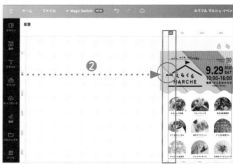

上端の定規❸からドラッグすると、横
方向のガイドを作成できます。

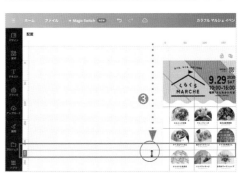

●**使用テンプレート**
「カラフル　マルシェ　イベント告知」
の検索結果で表示されたテンプレート

2 自動でガイドを作成する

Canvaでは、サイズや間隔などを計算せずに自動でガイドを作成できます。

[ファイル]>[表示の設定]>[ガイドを追加する]をクリックすると、[12列][6列][3×3グリッド]のいずれかのガイドを作成できます。

ここでは、[12列]①をクリックしました。

✎ Check
ガイドの列数や行数を指定する

[ファイル]>[表示の設定]>[ガイドを追加する]から[カスタム]をクリックすると、ガイドの列数や行数、間隔（ギャップ）などを指定することができます。

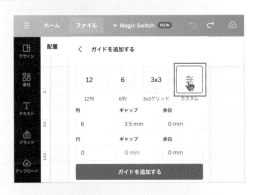

３ 塗り足し領域を表示する

商業印刷では、デザインを実際のサイズよりも大きな用紙に印刷し、指定サイズで断裁します。一度にたくさんの用紙を重ねて断裁するため、ズレが生じることがあります。ズレが生じると、印刷物の端に紙の色（白色）が見えてしまうため、背景部分は仕上がりサイズからはみ出して作成する必要があります。仕上がりサイズからはみ出す部分のことを「塗り足し」といいます。

塗り足し領域を表示するには、[**ファイル**]>[**表示の設定**]>[**塗り足し領域を表示する**]❶をクリックします。

塗り足し領域を表示すると、デザインに点線が追加されます。

デザインの周囲に白い隙間がある場合、背景部分を点線の外側まで拡大して隙間をなくします。文字などは点線の内側に入れて作成しましょう。

商業印刷では、多くの場合、塗り足しは天地左右にプラス3mmとされます。

スタイルで色を変更する

デザインを進めていく中で、特に迷うのが「色」と「フォント」です。
「スタイル」機能を利用すると、色とフォントの組み合わせが自動で設定されるので便利です。

1 組み合わせで色を変更する

[デザイン]>[スタイル]をクリックすると、[組み合わせ][カラーパレット][フォントセット][最近のデザイン]から色やフォントを簡単に変更することができます。

[組み合わせ]①では、英字と日本語のフォント、およびカラーパレットがセットになっていて、クリックするとその組み合わせがデザインに適用されます。

●使用テンプレート
「ピンク　ベージュ　ナチュラル　サロン」の検索結果で表示されたテンプレート

●刻ゴシックとグレージュオレンジ系の
　組み合わせを適用した例

●Noto Sansとブルー系の
　組み合わせを適用した例

2 カラーパレットで色を変更する

[**カラーパレット**]❶では、色だけを変更できます。

カラーパレットをクリックするたびに、デザインの配色を変えて色を提案してくれます。

💡 カラーパレットをクリックするたびに色のレイアウトが変わります。

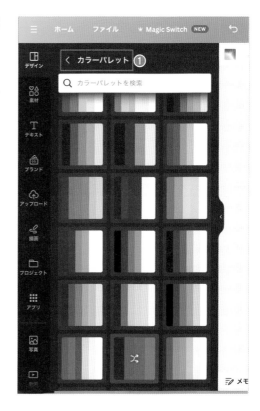

3 フォントセットでフォントを変更する

[**フォントセット**]❶では、相性の良い
フォントの組み合わせが表示されま
す。

クリックすると、デザイン内のフォント
がまとめて変更されます。

4 最近作成したデザインをもとに色を変更する

[最近のデザインスタイル] ①では、最近作成したデザインからベースの色を抽出し、同じ色のトーンで配色してくれます。

デザインを印刷する

デザインが完成したら印刷しましょう。
インターネットで印刷を注文する方法と、個人のプリンターで印刷する方法があります。

1 インターネットで印刷を注文する

右上に[○○を印刷]（ここでは[チラシを印刷]❶）と表示されている場合、インターネットを介して印刷を注文できます。

💡 [○○を印刷]が表示されていないテンプレートは、Canvaで印刷することができません。

[チラシを印刷]をクリックします。

印刷するページを指定します❷。

サイズや用紙、仕上げ、数量を指定し❸、[続行]❹をクリックします。

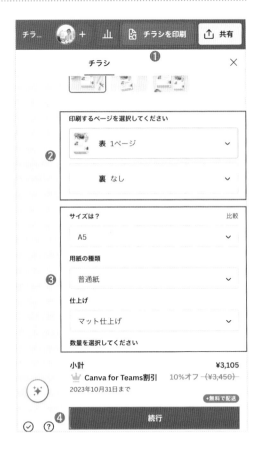

印刷にあたっての修正点が表示されます。画面の案内に従って、フォントサイズや画像の調整を行いましょう。

画面を下方向へスクロールし、[**PDFをダウンロードする**]**❺**をクリックすると、PDFをダウンロードして印刷結果を確認できます。

[**カートに追加**]**❻**をクリックします。

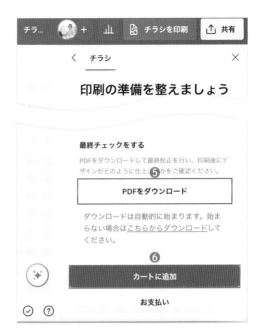

配送先の情報を記入し、[**続行**]**❼**をクリックします。

次の画面で支払い方法を選択します。支払い方法は、[**クレジットカード**][**PayPal**][**GooglePay**]が利用できます。

[**注文する**]**❽**をクリックすると、注文が完了します。

2 個人のプリンターで印刷する

個人のプリンターで印刷する場合は、PDFデータをダウンロードして印刷しましょう。

[共有]>[ダウンロード]❶をクリックし、[ファイルの種類]❷で[PDF（印刷）]を選択します。

[カラープロファイル]❸は、デフォルトではWebデザインに適した[RGBカラー]になっています。Canva Proの場合は、印刷デザインに適した[CMYKカラー]が選択できます。

💡 CMYKカラーで出力すると、Web上で確認している色と印刷したときの色の差異を少なくできます。

[ダウンロード]❹をクリックすると、PDFデータがダウンロードされます。

ダウンロードしたPDFデータを個人のプリンターで印刷します。

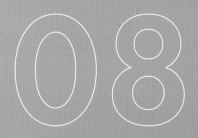

08

動画編集をやってみよう

Canvaで作成できる
主な動画

この章ではCanvaを使った動画の作成方法についてご紹介します。
まずは、どんな動画が作れるのか見てみましょう。

1 ショート動画

数年前まで、SNSは写真がメインでした。最近では、**動画コンテンツ**が主流になってきています。

動画コンテンツの中で、今最も注目されているものの1つは「**ショート動画**」です。

ショート動画は、スマートフォンでの視聴に最適な縦長の9:16の比率で作られています。再生時間は1分前後で、サクッと見ることができるものが多いです。

TikTokやInstagramのリール動画、YouTubeショートなどでショート動画を目にする機会も多いのではないでしょうか。

Canvaでは、簡単にショート動画を作成できます。

2 スライドショー動画

結婚式や卒業式などで流す**スライドショー動画**もCanvaで作成することができます。

3 YouTubeのオープニング・エンディング動画

YouTubeのオープニングやエンディングで使われる10秒ほどの動画テンプレートも多く揃っています。

オープニングやエンディング動画があるだけで動画のクオリティが大きく変わるので、ぜひ取り入れてみましょう。

デザイン編集画面に
動画を配置する

さっそくCanvaで動画を編集していきましょう。
まずはデザイン編集画面を開き、動画素材を配置します。

1 白紙のデザイン編集画面を開く

トップページの検索窓の下に表示されるアイコンから[**動画**]❶をクリックすると、[**スマホ動画**]や[**Instagram リール動画**][**TikTok動画**]などのカテゴリーが表示されます。

作りたい動画（ここでは[**Instagram リール動画**]）にマウスポインターを合わせると、[**空のデザインを作成**]❷と表示されるのでクリックします。

 右上に表示される虫眼鏡アイコンをクリックすると、動画用のテンプレートを確認できます。

白紙のデザイン編集画面❸が開きます。

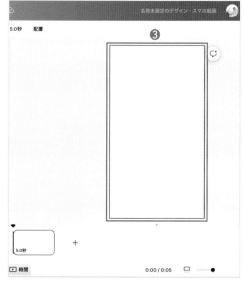

２ 動画素材を配置する

デザイン編集画面が開いたら、動画素材を配置しましょう。今回は、Canvaに用意されている動画素材を使用していきます。

💡
　パソコンに保存されている動画を配置する場合は、Canvaの画面上に動画ファイルをドラッグ＆ドロップするか、サイドバーから[**アップロード**]>[**ファイルをアップロード**]をクリックして動画ファイルをアップロードします。

サイドバーから[**素材**]❶をクリックし、検索窓❷に[**カフェ**]と入力して検索します。

検索されたら[**動画**]❸をクリックし、配置したい動画素材❹をクリックすると、デザイン編集画面に配置されます。

サイズを調整します❺。

画面下部の[＋]❻をクリックし、次の動画を配置します。

手順を繰り返し、4つの動画❼を配置しました。

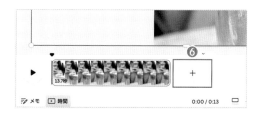

CHAPTER 08 / 3 動画をトリミングする

動画の不要な部分を削除しましょう。

1 動画を再生する

画面下部の[**再生**]❶をクリックすると、動画が再生されます。

動画が再生されると、インジケーター❷が動画上を移動します。

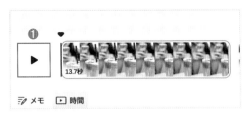

インジケーターが動画の削除したい位置に移動したらキーボードの space を押すか、[**一時停止**]をクリックして再生を停止します。

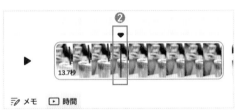

2 動画の不要な部分を削除する

右クリックし、[**ページを分割する**]❶をクリックします。

💡 ページ(動画)を分割する
ショートカットキー S

動画がインジケーターの位置で分割されました。

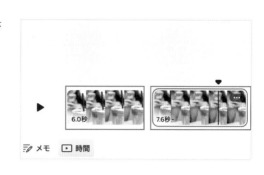

不要な動画シーン❷をクリックして選択し、delete を押します。

動画が削除されました❸。

手順を繰り返し、動画の不要な部分を削除しましょう。

動画の再生速度を調整する

動画の再生速度を調整していきます。

1 再生速度を調整する

速度を調整したい動画❶をクリックして選択します。

上部の[**再生**]❷をクリックすると、サイドバーに[**動画の再生**]が表示されます。

[**動画の速度**]のバー❸をドラッグして調整します。

最大で2倍速、最小で−2倍速を設定できます。

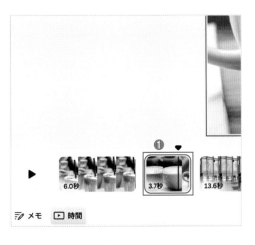

CHAPTER 08/5 動画に文字を配置する

**動画のトリミングと再生速度の調整が終わったら、
次は文字を配置していきます。**

1 文字を配置する

サイドバーの[**テキスト**]>[**見出しを
追加**]をクリックし、「一度は行きたい」
「代官山」「salt Cafe」の文字を入力
します。テキストボックスは3つに分け
て配置してください**①**。

フォントを[**セザンヌExtra Bold**]に
変更し、サイズを調整します。

サイドバーの[**素材**]をクリックし、検索
窓**②**に[**カフェ**]と入力します。検索結
果の[**グラフィック**]にあるイラスト素
材**③**をクリックして配置します**④**。

✎ Check
文字を装飾する

動画上に文字を配置すると、動画の
シーンによっては見にくいことがあり
ます。そのような場合、文字を選択し、
[**エフェクト**]>[**袋文字**]**①**をクリックし
ます。文字が縁取りされて見やすくな
ります。

[**太さ**]**②**のスライダーをドラッグし、数
値を上げると縁取りの線の太さを調
整できます。

字間を広くしてオシャレ感アップ!

ゴシック系のフォントを使用するとき、文字の間隔を少し空けることでオシャレな印象に仕上げることができます。

文字の間隔を調整するには、文字**❶**を選択し、**[スペース]❷**をクリックして、**[文字間隔]❸**のスライダーをドラッグします。数値を上げると文字の間隔が広がり、今っぽいレイアウトになります。

CHAPTER 08 / 6　動画の色調を補正する

動画の明るさやコントラストなど、
色が気になる場合は色調を補正しましょう。

1 動画の明るさやコントラストを調整する

動画をクリックして選択し、[**動画を編集**]❶>[**調整**]❷をクリックすると、明るさやハイライト、フェードなどの色調を細かく調整することができます。

✏ Check

動画の背景を削除する

動画をクリックして選択し、[**動画を編集**]>[**エフェクト**]>[**背景リムーバ**]❶をクリックすると、動画の背景を削除できます。

背景を削除した動画の後ろに別の動画を配置すると、ユニークな合成動画を作成できます。

💡 [**背景リムーバ**]は無料プランでは使用できません。

179

アニメーション効果を設定する

動画にアニメーションを追加していきましょう。
ここでは文字にアニメーションを設定します。

1 文字にアニメーションを設定する

文字❶をクリックして選択し、[アニメート]❷をクリックします。

アニメーションが一覧で表示されます❸。[組み合わせ]や[ベーシック]などの中から、さまざまなアニメーション効果を設定できます。

ここでは、[スマート]❹をクリックしました。

CHAPTER 08/8 トランジション効果を設定する

動画の切り替わりに動きを付けるトランジション効果を設定することもできます。

1 動画間にトランジション効果を設定する

動画と動画の間にマウスポインターを合わせると、[切り替えを追加]❶が表示されます。

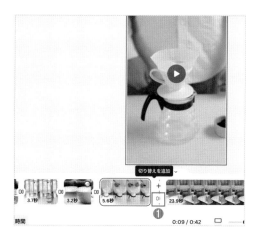

[切り替えを追加]をクリックすると、トランジション効果が一覧で表示されます❷。

好みのトランジションをクリックすると、動画と動画の切り替えにトランジション効果が設定されます。

💡 トランジション効果にマウスポインターを合わせると、動きを確認できます。

動画の順番を入れ替える

動画の再生順は、ドラッグ操作で変更できます。

1 動画の再生順を変更する

動画❶をクリックして選択し、任意の位置までドラッグ&ドロップすると、動画の順番を入れ替えることができます。

2 グリッドビューで再生順を入れ替える

画面右下の[**グリッドビュー**]❶をクリックすると、グリッドビューと通常の編集画面が切り替わります。

[**グリッドビュー**]❶を再度クリックすると、グリッドビューから通常の編集画面に戻ります。

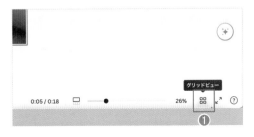

グリッドビューでは、大きなサムネイルをドラッグ&ドロップして動画を入れ替えることができます❷。

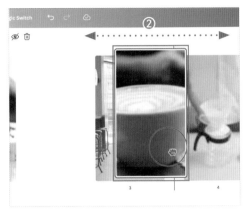

CHAPTER 08/10 動画に音楽を挿入する

動画に音楽を挿入することもできます。

1 オーディオ素材を挿入する

サイドバーから [**素材**] ❶ をクリックし、検索窓 ❷ に [**カフェ**] と入力します。

検索結果で [**オーディオ**] ❸ をクリックすると、カフェのイメージに合うオーディオ素材が表示されます。

💡 ジャケットのアイコンをクリックすると、音楽を試聴できます。

最適な音楽が見つかったら、楽曲名の部分 ❹ をクリックすると、動画にオーディオ素材 ❺ が挿入されます。

2 オーディオ素材をトリミングする

オーディオ素材❶をクリックして選択し、[調整]❷をクリックすると、使う部分をドラッグして調整できます。

[オーディオエフェクト]❸をクリックすると、音楽のフェードインとフェードアウトを設定できます❹。フェードインの秒数を上げると、音量が少しずつ上がりながら音楽が再生されます。

✎ Check

ビートシンク機能を利用する（Canva Pro機能）

Canva Proには、**ビートシンク機能**が備わっています。オーディオ素材をクリックして選択し、上部の[**Beat Sync**]をクリックし、[**今すぐ同期**]をオンにすると、AIが音楽に合わせて動画を自動的にカットしてくれます。音に動画のシーンが合った動画を作成できます。

💡 [Beat Sync]は、無料プランでは使用できません。

3 オーディオ素材の音量を設定する

オーディオ素材❶をクリックし選択し、スピーカーアイコン❷をクリックすると、音量を調整できます。

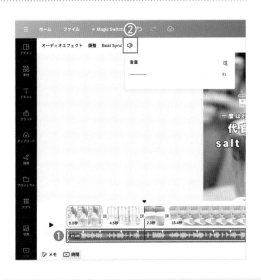

✎ Check

著作権に注意する

Canvaの音楽はフリー素材として利用できますが、YouTubeやSNSにアップするときに著作権の異議を申し立てされる可能性があります。

Canva Proでは、動画に音楽が挿入されていると、ダウンロードするときに[ソーシャルアカウントと紐付ける]と表示されます。クリックすると、YouTubeアカウントと関連付けることで異議申し立てを回避できます。

Canvaでは、Pro素材のオーディオトラック（音源）を使用した動画をダウンロードする場合、動画を使用するYouTubeチャンネルとCanvaアカウントを事前に接続することで、接続済みのチャンネルに対し、固有のProオーディオトラックのライセンスが生成されます。

ただし、Pro素材のオーディオトラックのライセンスは1回限り使用可能です。動画が任意のYouTubeチャンネルにアップロードされた時点で、購入されたライセンスは使用済みになります。作成した動画を複数のYouTubeチャンネルで使用したい場合は、その都度ライセンスを購入する必要があります。

ダウンロード
🎵 **ソーシャルアカウントを紐付ける** ソーシャルアカウントをCanvaと紐付けることにより、ワンデザインユース音楽ライセンスがアカウントに登録されます。コンテンツIDの申し立てを避けるため、新しいビデオで使用するたびに、新しいデザインをエクスポートしてください。 ソーシャルアカウントを紐付ける

素材が表示されるタイミングを設定する

タイミング表示機能を使うと、
文字や素材を表示する順番やタイミングを細かく指定することができます。

1 表示される順番・タイミングを変更する

タイミングを設定したい素材や文字を
[Shift]を押しながらクリックし、複数
選択します❶。

[…]❷をクリックし、[**タイミング表示**]
❸をクリックします。

動画の上に紫のアイコン❹が表示さ
れるので、[↑]❺をクリックします。

素材や文字が、それぞれレイヤーとし
て表示され、どのタイミングで表示す
るかが視覚化されます❻。

表示されるタイミングや長さを調整す
るには、紫アイコン左右のバーをドラッ
グ、または紫アイコンをドラッグします。

ここでは、コーヒーカップのイラスト素
材を最初に表示し、[**一度は行きたい**]
[**代官山**][**salt Cafe**]の順で表示され
るように設定しました。

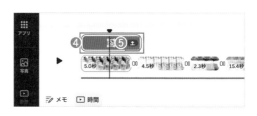

[↓]❼をクリックすると、完了です。

タイミングを修正するには、タイミン
グが設定された素材や文字を選択
し、[…]>[**タイミング表示**]をクリッ
クします。

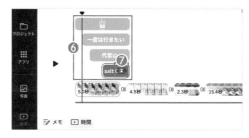

動画をダウンロードする

動画が完成したらプレビューで確認します。
不具合などがない場合は、ダウンロードしましょう。

1 動画をプレビューで確認する

右上の[**再生マーク**+○**秒**]❶をクリックすると、動画のプレビューが再生されます。

プレビューを見ながら、動画がどのように表示されるかをチェックします。

2 動画をダウンロードする

プレビューを確認したら、動画をダウンロードします。

[共有]>[ダウンロード]❶をクリックします。

[ファイルの種類]で[MP4形式の動画]❷を選択して、[ダウンロード]❸をクリックすると、動画がダウンロードされます。

09

ホームページを作ってみよう

Canvaで作成できる
主なホームページ

この章ではCanvaを使ったホームページの作成方法についてご紹介します。
まずは、どんなWebサイトが作れるのか見てみましょう。

1 コーポレートサイト

Canvaでは、テンプレートの文字や写真を編集するだけで、簡単にオシャレなコーポレート
サイトを作成できます。

スマートフォン表示も最適化されるレス
ポンシブデザインにも対応しています。

２ イベントのお知らせサイト

開催するイベントをより多くの人に知ってもらうための施策として、ホームページが効果的です。Canvaには、イベントを告知するデザインテンプレートも多く揃っています。

**世界中から
クリエイター
が集まる**

サラ マクラウド氏
クリエイティブ・ディレクター

松井 沙也加氏
UI/UXデザイナー

トニー リー氏
デジタルイラストレーター
兼作家

３ 個人のポートフォリオサイト

個人で活動していると、案件によってはプロフィールサイトの提出が必要なことがあります。Canvaなら、作りたいと思ったその日にポートフォリオサイトを作成できます。

CHAPTER 09/2 トップページを作成する

Canvaでホームページを作っていきましょう。
まずはデザイン編集画面を開き、トップページを作成します。

1 白紙のデザイン編集画面を開く

トップページに表示されるアイコンから[Webサイト]①をクリッすると、[Webサイト][ビジネス用ウェブサイト][ポートフォリオ関連のウェブサイト]などのカテゴリーが表示されます。

Webサイトのカテゴリーにマウスポインターを合わせると、右上に虫眼鏡アイコンが表示されます。クリックすると、テンプレートを確認できます。

作りたいWebサイト（ここでは[Webサイト]②）にマウスポインターを合わせると、[空のデザインを作成]と表示されるので、クリックします。

白紙のデザイン編集画面③が開きます。

2 写真を配置する

Canvaの素材を使って、トップページ
に写真を配置します。

サイドバーから[**素材**]❶をクリックし、
検索窓❷に[**女性**]と入力して検索しま
す。

検索されたら[**写真**]❸をクリックし、
配置したい写真素材❹をクリックする
と、デザイン編集画面に配置されます。

サイズを調整します❺。

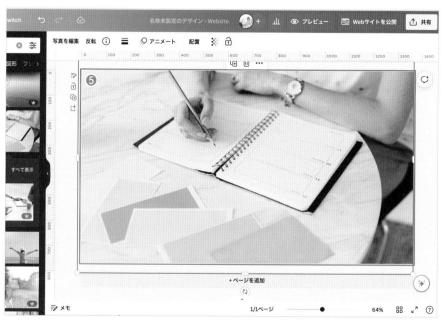

文字を配置する

写真の上に文字を配置します。
このとき、写真の上に半透明の黒い図形を配置しておくと、文字が見やすくなります。

1 写真の上に半透明の黒い図形を配置する

[**素材**]>[**図形**]から正方形を配置し、サイズを調整して色を黒に変更します❶。

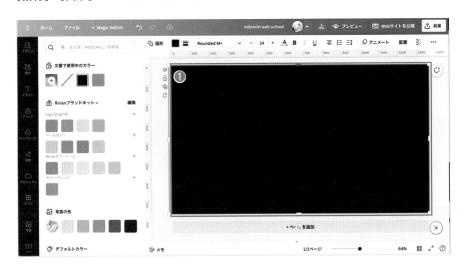

右上の[**透明**]❷をクリックし、スライダー❸をドラッグすると、透明度を調整できます。

ここでは、透明度を[**40**]まで下げました。

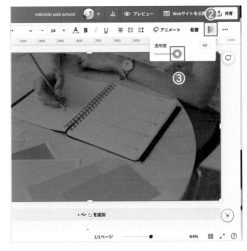

2 タイトルとサブタイトルを配置する

サイドバーから[**テキスト**]>[**見出しを
追加**]❶をクリックすると、見出し用の
テキストボックスが配置されます。

💡 ホームページの文字は、「見出し」「小
見出し」「本文」を使い分けましょう。

●**見出し**
ページのタイトル

●**小見出し**
本文の途中に入る小さなタイトル

●**本文**
通常の文章

タイトル(ここでは「mikimiki web
school」)を入力します❷。

文字のフォントを[**Garamond**]❸に、
文字色を[**白**]❹に変更します。

サイドバーから[**小見出しを追加**]をク
リックすると、小見出し用のテキスト
ボックスが配置されます。

サブタイトル(ここでは「スキルアップ
したいあなたへ」)❺を入力します。

CHAPTER 09 / 4　文字にリンクを設定する

文字を配置したら、リンクを設定しましょう。

1 リンク用の文字を入力する

図形を使って白い長方形を描きます❶。

リンクの文字を入力し、文字色は黒にします❷。

💡 2023年11月現在、Canvaで作成できるWebページは1ページのみです。下層ページやお問い合わせフォームなどとリンクをしたい場合は、外部サイトとリンクを設定する必要があります。

2 文字にリンクを設定する

リンクを設定する文字を選択し❶、右クリックして [**リンク**] ❷をクリックします。

URLを入力❸し、 Enter キーを押すと、
文字にリンクが設定されます。

リンクが設定されると、文字に下線が
表示されます。

3 リンクの下線を非表示にする

リンクが設定されている文字❶を選択
し、上部の[U]❷をクリックすると、下
線が非表示になります❸。

文字の位置を揃える

文字や写真の位置を揃えると、見やすいサイトになります。
ガイドを利用して揃えていきましょう。

1 文字をガイドに揃える

左端❶または上端の定規からドラッグ
すると、ガイドが作成されます。

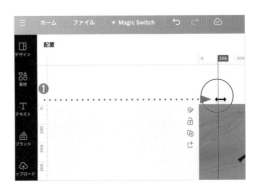

定規が表示されていない場合は、
[**ファイル**]>[**表示の設定**]>[**定規と
ガイドを表示**]をクリックします。

ガイド❷をドラッグして文字の左端ま
で移動させます。

文字の先頭をガイドに揃えます❸。

トップページのデザインが完成しまし
た。

CHAPTER
09 / **6** プロフィールページを作成する

ページを追加し、2ページ目としてプロフィールページを作成します。

1 ページを追加する

デザインの左に表示される⨎❶をク
リックすると、ページが追加されます
❷。

✐ Check
下部にサムネイルを表示する

[**ページを表示**]❶をクリックすると、
画面の下部にページのサムネイル❷
が表示されます。クリック作業しやす
い方法でデザインを作成しましょう。

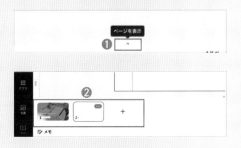

② 文字を配置する

[もっと身近にデザインを][楽しく学び
ながらスキルを習得]という文字を配
置します。

[もっと身近にデザインを]のボックス
は、198ページで作成したガイドに揃
えます。

③ グループ化する

文字や素材など、複数の素材をグルー
プ化すると、まとめて移動や編集がで
きるので便利です。

[shift]キーを押しながら複数の素材
を選択❶し、[グループ化]❷をクリッ
クすると、グループ化されます❸。

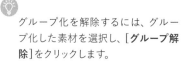

グループ化を解除するには、グルー
プ化した素材を選択し、[グループ解
除]をクリックします。

4 グリッドを挿入する

サイドバーから[**素材**]>[**グリッド**]を
クリックし、グリッド素材❶をクリックす
るとデザインに配置されます。

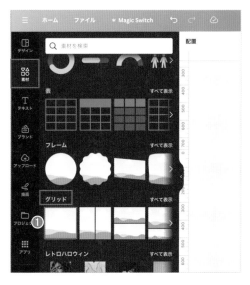

配置されたグリッドの左端をガイドに
合わせ❷、サイズを調整します。

サイドバーから[**テキスト**]をクリックし
てテキストボックスを配置し、名前❶
を入力します。

文字を選択し、上部の[**配置**]をクリッ
クすると、[**右揃え**][**中央揃え**][**左揃
え**]を設定できます。

プロフィールの文章を入力します❷。

サイドバーから[**素材**]>[**図形**]をク
リックし、線を配置します❸。

上部の[**線のスタイル**]❹をクリックし、
[**線の太さ**]❺を調整します。ここでは、
線の太さを2ptに設定しました。

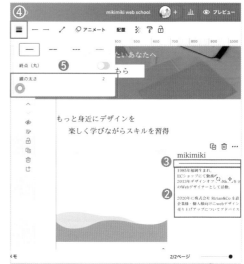

6 プロフィールの写真を配置する

プロフィールの写真をグリッドにドラッグします①。

> よく使う写真やロゴは、Canva Pro
> で利用できるブランドキットに登録
> すると、サイドバーの[ブランド]から
> すぐに配置できます。

左側の定規からドラッグして、ページ
右側にもガイド②を作成します。

左ページで作成した線の位置をガイド
に揃えます。

同じ幅の図形③を両サイドに配置する
と、両端の余白の幅を合わせることができ
きます。

> ガイドの位置調整が終わったら、図
> 形は削除しておきましょう。

プロフィールページのデザインが完成しま
した。

メニューページを作成する

3ページ目のメニューページを作成します。
3つの同じ要素を均等間隔で配置していきます。

1 背景色を変更する

ホームページの背景には、可読性を上げるために白や薄い色の背景色が適しています。
ページにアクセントを付けるため、薄い色の背景色（ここでは[#F9FBFD]）を設定してみ
ましょう。

●ページの手順でページを追加します❶。

サイドバーから[図形]>[四角]をクリックし、ページ全体に配置します❷。

色を[#F9FBFD]❸に設定します。

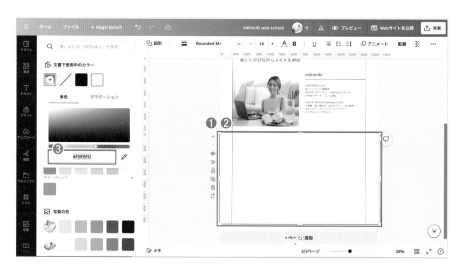

2　均等間隔に素材を配置する

サイドバーから[素材]>[フレーム]を
クリックし、[丸]を配置します❶。

配置したフレームの下にテキストの
[小見出し]と[本文]を追加します❷。

文字を編集し、フォントやサイズを調
整します❸。

丸フレーム、小見出し、本文を選択して
グループ化します❹。

グ ル ー プ化した素材を、[option]
(Windowsの場合は[alt])キーを押し
ながらドラッグして複製します❺。

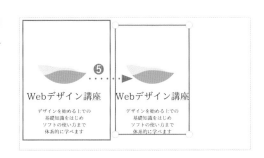

さらにもう一つ複製します❻。

素材が均等間隔の位置に配置されると、ピンクの角丸に入った数字が表示されます❼。

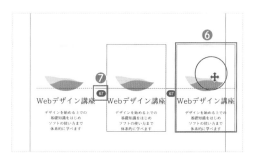

3つの素材を選択し、左右のガイドラインに合うように大きさを調整します❽。

フレーム内の写真や文章を編集します❾。

メニューページのデザインが完成しました。

モックアップページを作成する

4ページ目は、モックアップページを作成します。
ここでは、フレームからスマートフォンの素材をモックアップ用の素材として配置します。

1 モックアップ画像を作成する

ページを追加（199ページ参照）し、サイドバーから［**素材**］>［**フレーム**］をクリックして、スマートフォンの素材を配置します❶。

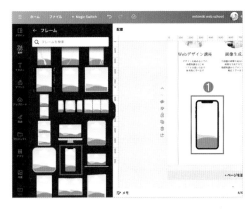

画像をフレーム内にドラッグ＆ドロップします❷。

文字を追加します❸。

モックアップページのデザインが完成しました。

💡 「モックアップ」は、実物に近い模型・試作品のことです（79ページ参照）。

💡 モックアップの色は、上部の［**カラー**］から変更できます。

CHAPTER 09 / 9　お問い合わせページを作成する

最後に、お問い合わせページを作成します。
ここでは、画面いっぱいに写真を配置します。

1　お問い合わせページを作成する

サイドバーから[素材]をクリックし、検索窓に[パソコン]❶と入力します。

[写真]❷をクリックし、背景にしたい写真❸をクリックすると、デザイン編集画面に配置されるので、サイズをデザイン全体に変更します❹。

[素材]から四角形を配置し、デザインの中心に配置します❺。

 素材をドラッグし、ピンクのサジェスト線が縦横に表示される位置がデザイン画面の中心です。

194ページを参照し、四角形の透明度を50%にします❻。

お問い合わせのメッセージを配置します❼。

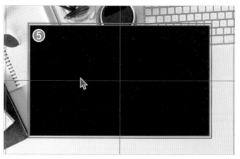

196ページを参照し、トップページと同様の手順で白い長方形を配置し、お問い合わせ先のURLへのリンクを設定します❽。

お問い合わせページのデザインが完成しました。

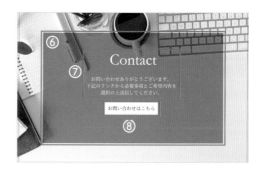

レイヤーで重ね順を変更する

素材が重なると、下にある素材は隠れ
てしまいます。下にある素材を表示し
たい場合は、重ね順を変更します。

重ね順を変更するには、素材を右ク
リックし、[**レイヤー**]>[**レイヤーを表
示**]❶をクリックします。

サイドバーに各素材がレイヤーごとに
表示されるので、レイヤーの左端にあ
る::❷をドラッグして順番を入れ替え
ると、重ね順を変更できます。

CHAPTER 09/10 プレビュー画面で確認する

ホームページのデザインが完成したら、
プレビュー画面で確認しましょう。

1 ホームページのプレビューを表示する

画面右上の[**プレビュー**]❶をクリック
すると、プレビューが表示され、ホーム
ページがどのように表示されるかを確
認できます。

プレビューで[**モバイル**]❷をクリック
すると、ホームページがスマートフォン
でどのように表示されるかを確認でき
ます❸。

💡 Canvaでは、スマートフォンでどの
ように表示されるかを確認できます
が、スマートフォン用にサイトを編集
することはできません。プレビュー画
面で確認しながら、デザイン編集画
面で調整します。

💡 スマートフォンの画面で素材がバラ
バラに表示されてしまう場合は、グ
ループ化することで改善されること
があります。

CHAPTER 09/11　ナビゲーションを表示する

ホームページの上端に各ページへの案内（ナビゲーション）を表示しましょう。

1 各ページへのナビゲーションを表示する

左ページの手順でプレビューを表示
し、上部の[**ナビゲーションなし**]を[**ナ
ビゲーションあり**]❶に変更すると、
[**ページタイトルが空白です**]❷と表示
されます。

[**デザインを編集**]❸をクリックし、デ
ザイン編集画面に戻ります。

[**ページを表示**]をクリックし、ページの
サムネイルを表示します。

サムネイルの右上の[…] >[**ページタ
イトルを追加**]❹をクリックし、ページ
タイトルを設定します。

すべてのページのページタイトルを変
更します。

再度プレビューを表示すると❺、ナビ
ゲーションが表示されるようになりま
した。

ホームページを公開する

プレビューでホームページのデザインを確認したら、
いよいよサイトをWeb上に公開していきましょう。

1 公開の設定を開始する

画面右上の[Webサイトを公開]❶を
クリックします。

スマートフォンで表示したときにレス
ポンシブ表示にしたい場合は、[**モバ
イルでサイズ変更**]❷にチェックを付
けます。

ナビゲーションの[**あり**]、または[**なし**]
を選択します❸。

2 ドメインを設定する

ドメインを設定しましょう。

「ドメイン」は、「http~」で始まる
URLのことです。

Canvaでは、次の設定方法を選択で
きます。

● [無料のドメイン]
無料で利用できますが、URLの一部
にcanvaの文字が入ります。

● [新しいドメインを取得してくださ
い]
有料のドメインを設定します。

● [既存のドメインを使用する]
所有しているドメインを設定します。

ここでは、[無料のドメイン]❶をクリッ
クしました。

[続行]❷をクリックします。

サブドメインの設定画面が表示される
ので、[サブドメインを入力]❸に希望
の英数字を入力します。

[続行]❹をクリックします。

ドメインを変更したい場合は、トップ
ページ右上の[歯車マーク]>[ドメイ
ン]>[表示]から変更できます。

③ 設定を確認する

ページの設定を確認しましょう。

● [ページURL] ❶
サブドメインで設定したURLの後ろ
に任意の英数字を設定できます。

● [ページの説明] ❷
検索結果に表示されるサイトの説明文
です。
160文字以内でサイトの説明を入力し
ます。

[ブラウザタブのプレビュー]の
Canvaファビコン❸をクリックすると、
オリジナルのロゴをファビコンとして
設定できます。

ファビコンを変更すると、[ブラウザタ
ブのプレビュー]で確認できます❹。

４ ホームページの詳細を設定する

[**高度な設定**]❶をクリックし、ホームページの詳細を設定します。

●[**パスワード保護を無効にする**]❷
オンにすると、サイトの閲覧するときにパスワードの入力を要求されます。

●[**検索エンジンの表示設定が有効です**]❸
オフにすると、検索結果にサイトが表示されなくなります。

●[**リンクのプレビューが有効です**]❹
SNSでホームページがシェアされたときのアイキャッチ画像を指定できます。

５ ホームページを公開する

設定が完了したら、[**発行**]❶をクリックします。

[**デザインを準備中です**]と表示されたあと、ホームページが公開されます。

[**Webサイトを表示**]❷をクリックします。

ホームページが表示されます。

10

Canvaの活用法&裏技集

イメージに近い
テンプレートを探すテクニック

この章ではCanvaをさらに使いこなしていくためのプラスαの活用法や裏技を
たっぷりとご紹介していきます。

1 効率よく目的のテンプレートを探す

Canvaにはデザインテンプレートがた
くさん揃っていますが、数が多いため、
イメージしているテンプレートを探す
のが大変なときもあります。

そんなときに試してほしい、効率的に
目的のテンプレートを検索する方法を
ご紹介します。

例えばチラシ縦のテンプレートは約63,000点もある。
（2023年10月現在）

2 フィルターで絞り込む

テンプレートデザインの上部の[**すべ
てのフィルター**]❶をクリックします。

すると、左側にスタイルやテーマが表
示されるので❷、好みのものにチェッ
クを入れて、テンプレートを絞り込む
ことができます。

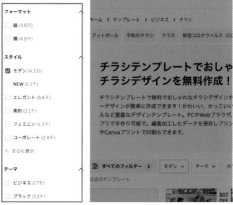

３ 複数ワードで検索する

トップページの検索窓に2つ以上の
ワードを入れて検索することもできま
す。

たとえば[**チラシ 夏祭り**]で検索する
と、夏祭りに関するチラシテンプレー
トのみが表示されました。

４ 似た画像で探す

テンプレートをクリックすると、ポップ
アップでデザイン詳細が表示され、下
にはテーマや雰囲気が似た画像が表
示されます。同じテーマのデザインを
探したいときに有効な方法です。

5 スターを付ける（お気に入り登録する）

素材やテンプレートデザインでいいな
と思ったものがあっても、後で探した
ときに見つけられないなんてことがよ
くあります。そんなときは[**スターを付
ける**]を活用しましょう。

テンプレートの場合、デザインの上に
マウスポインターを合わせると表示さ
れる[☆]❶をクリックします。

素材の場合は、デザイン編集画面で素
材右上に表示される[…]>[**スターを
付ける**]❷をクリックすると、お気に入
りに登録することができます。

スターを付けたデザインは、デザイン
編集画面の[**プロジェクト**]>[**スター付
き**]❸から確認できます。

また、トップページの[**プロジェクト**]>
[**スター付き**]❹フォルダーからも素材
やテンプレートを見ることができます。

CHAPTER 10/2 フォルダー分けで整理整頓

作成したデザインが増えてくると過去のデザインを遡り、探すのが大変になります。
フォルダー分けをしてデザインを整理しておきましょう。

1 フォルダーの作成方法

Canvaでは、有料・無料プランを問わず、フォルダーは無制限で作成することができます。

1つのフォルダーに格納できるデータは無料プランの場合は200アイテム、Canva Proの場合は1000アイテムです。フォルダーの中に最大10個までフォルダー階層を作成できます❶。

フォルダーは、トップ画面の[**プロジェクト**]>[**新しく追加**]>[**フォルダ**]❷をクリックして作成できます。

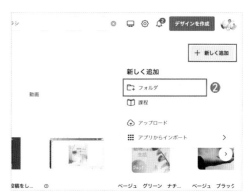

デザイン編集画面では[**ファイル**]>[**フォルダーに保存**]❸で保存ができます。その際、フォルダーを新規作成することができます。

テンプレートの共有方法

作成したテンプレートは他の人と共有することができます。
共有方法はいくつかありますので、ご紹介していきます。

1 リンクでデザインを主共有する方法

リンクでデザインを共有したいとき
は、画面右上の[**共有**]❶をクリックし
ます。

グループに共有したいときは[**アクセ
スできるメンバー**]❷を選びます。ボッ
クスにメンバーやグループを入力しま
す。

リンクを知っている不特定多数の人と
共有したいときは[**コラボレーションリ
ンク**]❸を選びます。ボックスをクリッ
クして[**リンクを知っている人全員**]❹
を選択します。

[**リンクを知っている人全員**]を選択し
た場合、共有相手の干渉範囲を[**表示
可**][**コメント可**][**編集可**]❺の中から
選んで設定することができます。

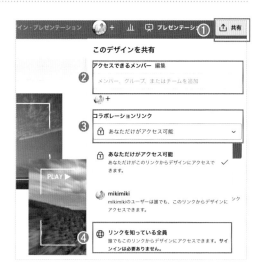

	表示	コメント	編集	Canva アカウント
表示可	○	×	×	不要
コメント可	○	○	×	必要
編集可	○	○	○	必要

2 複製データをデザインテンプレートとして共有

オリジナルのデザインテンプレートを上書きされたくない場合は、複製データを共有しましょう。

[**共有**]＞[**もっと見る**]＞[**テンプレートのリンク**]❶を選択します。

表示された画面で[**テンプレートのリンクを作成**]❷をクリックします。

発行されたURLをコピー❸して共有相手に送ります。この場合、複製データとして共有できるので、オリジナルデータを上書きされる心配はありません。

共有相手が編集を行う場合は、Canvaアカウントが必要です。また[**閲覧専用リンク**]をクリックすると閲覧専用のURLが発行されます。

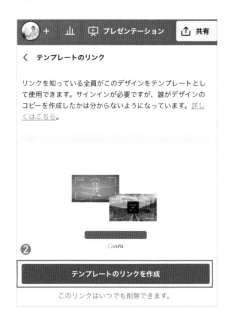

[**テンプレートのリンクを削除**]をクリックすると共有リンクを削除できます。

CHAPTER 10/4 不要な写真差し替えを 避ける裏技

複雑なテンプレートの場合、目的通りの場所にうまく写真が配置できないことがあります。
そんなときに役立つ裏技をご紹介します。

1 素早く目的の位置に写真を配置する

フレームやグリッドが使われているデザインの場合、写真を移動しているときに誤って写真を差し変えてしまうことがあります。

右の例の場合、ネイル写真を追加しようとしたら、ベッドルームの写真と差し変わってしまいました。

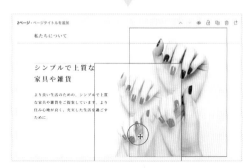

この現象を回避するために、写真を選択してドラッグするときには ⌘ (ctrl)キーを押しながらドラッグしましょう。そうすると、写真がフレームやグリッド上に重なっても差し替わらずに移動することができます。

⌘ (ctrl)キーを押しながら写真をドラッグすると、フレームやグリッドに写真が入らないようになる

CHAPTER 10／5 フォントの種類やサイズ・色を コピペするテクニック

たとえば、見出しなどのフォント・サイズ・色を揃えたい、ということはよくあります。
1つ1つ設定するのは手間なので、一括で同じスタイルに変更する技をご紹介します。

1 スタイルをコピーペーストする

❶のフォントの種類・文字サイズ・色
を❷と同じに変えたいとします。

まず、コピー元となる❷を選択して[**ス
タイルをコピー**]❸をクリックします。

スタイルをコピーする
とペンキアイコンがオ
ンになります。

変更したい文章をクリックします❹。
すると、コピー元と同じフォント・サイ
ズ・色に変更されます。

CHAPTER 10 / 6 作業効率アップ! Canvaアシスタント

Canvaアシスタントをうまく活用すると
作業効率を格段にアップさせることができます。

1 検索で効率よく素材を探す

グラフィック素材や図形などを挿入し
たいときは、編集画面の左側[**素材**]
を選択して、好みのもの探します。しか
し、Canvaアシスタントを使うと使い
たい機能を検索して呼び出すことが
できます。

画面右下の[**Canvaアシスタント**]❶
をクリックします。

検索窓❷に呼び出したい機能を入力
します。試しに[**丸**]と入れてみると、
関連する素材が表示されました❸。

[**猫　肉球**]と入れると❹の結果にな
りました。

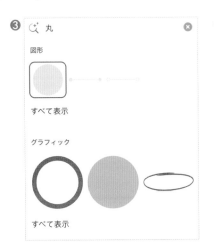

11

Canva AI機能を活用しよう

デザインツールパッケージ
マジックスタジオ

この章ではCanvaに搭載されている便利なAI機能をご紹介します。
ただし、AI機能の多くはCanva Proのみで使用可能です。あらかじめご了承ください。

1 マジックスタジオとは

近年はさまざまなところでAIの技術が用いられていますが、Canvaにもデザインやコンテンツ制作に活用できるAI機能が続々と搭載されています。

2023年10月に発表されたAI搭載デザインツールパッケージ[**マジックスタジオ**]には「プロンプト」（文章）を使って画像や動画を作成したり、写真内の不用物を消したりなど、実務で使える機能が多く搭載されました。この章では、[**マジックスタジオ**]に搭載されている便利に使える10個のCanva AI機能を紹介します。

機能名	機能	利用シーン	無料プランでの使用
マジック拡張	写真やイラストの続きをAIが自動生成	・写真の比率を変えたいとき ・写真全体に余白をつけたいとき	×
マジック切り抜き	写真から被写体だけをくり抜くくり抜いた部分の背景は自動生成	・被写体を切り抜きたいとき ・コラージュ写真を作りたいとき	×
テキスト切り抜き	画像から文字のみを抽出してテキストデータに変換	・画像からの文字起こし ・画像の文字の一部変更・修正	×
マジック加工	オブジェクトを追加したり、画像内のものを別のものに変更	・画像に何かを追加したい時とき ・画像の一部を差し替えたいとき	×
マジック消しゴム	不用物を消してその部分の背景を自動生成	・不要な映り込みを削除したいとき	×
マジックアニメーション	静止画からアニメーションを自動生成	・素早くアニメーションを作りたいとき	×
マジック変身	テキストや素材をプロンプト入力でカスタマイズ	・デザインに合わせて文字や素材をカスタマイズしたいとき	○
マジック変換	デザインのサイズ展開	・作成したデザインを効率的にサイズ展開したいとき	×
マジック生成	プロンプト（文章）入力で画像を生成	・好みの素材が見つからないとき ・資料などの挿絵として	○
マジック作文	ChatGPtのような対話型AI	・SNS投稿のアイデアが欲しいとき ・文章の加筆・要約をしたいとき	○

CHAPTER 11 / 2 写真の続きを自動生成！マジック拡張 `Canva Pro`

［マジック拡張］機能は、
写真やイラストの続きをAIが自動生成してくれる機能です。

1 マジック拡張の使い方

例えば、縦長写真をプレゼンテーション資料（横長で比率16:9）に全面で使いたいとします。ふつうに配置すると横幅が足りず、余白ができてしまいます❶。

そんなときに役立つのが［**マジック拡張**］です。

写真を選択して、［**写真を編集**］❷>［**マジック拡張**］をクリックします。

拡張するサイズを選ぶことができます。ここではプレゼンテーション資料に使いたいので［**16:9**］❸を選択しました。

［**マジック拡張**］❹をクリックします。

するとCanva AIが写真の左右の続き
を自動生成してくれます。

生成サンプルは4パターン作成されま
す❺。好みのものを選んで[**完了**]を
クリックします。

好みのものがないときは[**新しい結果
を生成する**]❻をクリックして、再度、
生成してみましょう。

ここでは3つめのパターンを採用しま
した。

Bafore

左右の余白に
自然な背景が生成された!

After

2 マジック拡張の活用法

写真を用いてデザイン作成をする際、写真の背景が足りない、ということはよくあります。

「右に余白が欲しい」「横長写真をTikTokで使う用に縦長にしたい」など、**画像の比率を変更したい、背景を引き伸ばしたいとき**などに、[**マジック拡張**]機能を試してみましょう。

被写体をきれいに切り抜く！
マジック切り抜き Canva Pro

[マジック切り抜き]機能は
写真から被写体だけをくり抜く(切り離す)ことができる機能です。

1 マジック切り抜きの使い方

まず写真を用意します。 ここでは
Canvaの素材[**女性**]で検索したもの
を使用します。

写真を選択して[**写真を編集**]❶>[**マ
ジック切り抜き**]を選択します。

Canva AIが被写体のみ切り離して好
きな位置に動かせるようになりました
❷。

被写体がいた部分の背景も、周囲と
違和感なく生成してくれています。

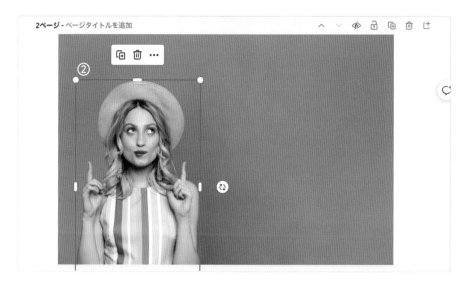

2 マジック切り抜きの活用法 その1

文字を入力しました。この時点では被写体の上に文字が載っている状態です❶。

被写体を選択して右クリック>[**レイヤー**]>[**最前面へ移動**]❷をクリックします。

すると被写体と背景の間に文字が移動しました。

[**マジック切り抜き**]を活用すると、デザインに立体感を生み出すことができます。

Bafore

女性が文字の前面になり
立体感が生まれた!

After

3 マジック切り抜きの活用法 その2

[マジック切り抜き]を活用した例をも
う1つ紹介します。

[マジック切り抜き]を使って被写体を
くりぬき、さらにくり抜いた被写体を
写真からずらしてレイアウトします❶。

文字や素材を配置すると、コラージュ
デザインの完成です❷。

CHAPTER 11 / 4 画像内の文字をテキストデータに 変換! テキスト切り抜き `Canva Pro`

[テキスト切り抜き]は[マジック切り抜き]のテキスト版です。
写真や画像から文字のみを抽出してテキストデータにしてくれる機能です。

1 テキスト切り抜きの使い方

[テキスト切り抜き]は、 執筆時点
（2023年11月）では日本語は未対応
です。そのため、英語の文字が入って
いる画像を使用します。

文字が書いてある画像を用意します。
ここではCanvaの素材[メニュー]で
検索したものを使用します。

写真を選択して>[写真を編集]❶>
[テキスト切り抜き]を選択します。

文字がテキストデータになりました
❷。フォントは元の文字に似たフォン
トになっています。

235

テキストデータは編集やフォントの変更・色変更が可能です❸。

フォントを[つなぎゴシック]❹に変更してみました。

まだ日本語対応していないので、活用できる場面が限られていますが、日本語対応されれば画像からの文字起こしや、文字の修正や加筆なども簡単にできるようになります。

Bafore

MENU:

ESPRESSO
CAFFE AMERICANO
CAPPUCCINO
CAFFE LATTE
CAFFE MACCHIATO
LATTE MACCHIATO
CAFFE MOCHA
ICED CAFFE

画像内の文字を
テキストデータにして
フォントを変更!

After

ESPRESSO
CAFFE AMERICANO
CAPPUCCINO
CAFFE LATTE
CAFFE MACCHIATO
LATTE MACCHIATO
CAFFE MOCHA
ICED CAFFE

プロンプトで合成写真を作成!
マジック加工 Canva Pro

[マジック加工]は、新しくオブジェクトを追加したり、
画像内にあるものを別のものに変えることができるAI機能です。

1 新しくオブジェクトを追加する

まずは写真に新しくオブジェクトを追
加してみましょう。

手帳の写真を開きます。 ここでは
Canvaの素材[ノート]で検索したもの
を使用します。

写真を選択して>[写真を編集]❶>
[マジック加工]を選択します。

[ブラシサイズ]❷を指定して、オブジェ
クトを生成したい部分を塗っていきま
す❸。

塗り終わったら[続行]❹を押します。

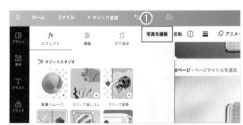

次にAIに生成してもらいたいものを
記入しましょう。

ここでは[手書きの世界地図]⑤と入
力します。

[生成]⑥をクリックします。

〈　マジック加工

① 編集する領域をブラシでなぞる　　　　∨

② 編集内容を記入　　　　　　　　　　∧

AIを使用して作成します。　　　　　⑤

> 手書きの世界地図

ⓘ 顔、手、足の編集は、Magic Editの対象ではありませ
ん。詳しくはこちら

✦ インスピレーションが必要ですか？

印象派の絵画を追加　　　　　　　　＋

美しい花が入った花瓶を追加　　　　＋

明るくする　　　　　　　　　　　　＋
⑥
✦ 生成

③ 結果を選択します　　　　　　　　　∨

Canva AIが4つの手書きの世界地図
を生成してくれました⑦。

イメージに近いものを選択して[完了]
をクリックすると、写真にオブジェクト
を入れることができます。

生成した画像に文字などを入れてデ
ザインに仕上げましょう。

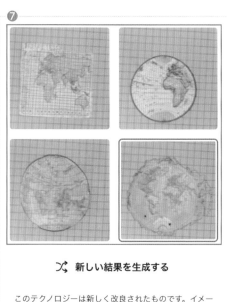

⑦

🔀 新しい結果を生成する

このテクノロジーは新しく改良されたものです。イメー
ジを確認してお気付きの点があれば、ご報告ください。

キャンセル　　　　　　　完了

手帳に手書きの世界地図が
生成された！

2 写真内にあるものを別のものに変更する

[マジック加工]機能を使えば、今ある
ものを別のものに変更することもでき
ます。

犬の写真を開きます。ここではCanva
の素材[犬]で検索したものを使用し
ます。

[ブラシ]を使って背景全体を塗りつぶ
します❶。

［編集内容］に［宇宙］**②**と入力し、［生成］をクリックします。

犬が宇宙で走っているようなダイナミックな画像を生成することができました。

写真内の不用物を違和感なく削除!　マジック消しゴム Canva Pro

[マジック消しゴム]は写真に映り込んだ不用物を消してくれる機能です。
不用物を消し、消した部分には違和感のないコンテンツを生成してくれます。

1 マジック消しゴムの使い方

[マジック消しゴム]はまさに消しゴムで不要な部分を消してくれる機能です。

下の写真内にある2台の車と水面への映り込みを消していきます。

写真を選択して>[写真を編集]❶>
[マジック消しゴム]を選択します。

[ブラシサイズ]を指定して、不要な部分をブラシでなぞっていきます。まずは左側の車を塗りつぶします❷。

[生成]をクリックすると車が消えました。

なお、1回のブラシで修正できるのは1箇所になります。複数箇所を修正したい場合は、数回に分けて生成をしていきましょう。

今回は2台の車と水面への映り込みの、合計4箇所を生成しました。

車と水面への映り込みがきれいに消えた！

CHAPTER 11/7 アニメーションを自動生成! マジックアニメーション `Canva Pro`

[マジックアニメーション]はアニメーションを自動で作成してくれる機能です。
どんなアニメーションをつけたらいいか迷ったときに、ぜひ試してみてください。

1 マジックアニメーションの使い方

プレゼン資料などで「アニメーションで動きをつけたいけど、種類が多くてどれを使ったらいいか分からない」という方に試していただきたいのが[**マジックアニメーション**]です。

アニメーションにしたい部分を選択して[**アニメート**]❶を選択します。

左上部に[**マジックアニメーション**]が❷表示されますので、クリックします。

アニメーションの生成が始まります❸。

Canva AIがデザインやフォント、素材などを元に最適なアニメーションを作成してくれます。

プロンプトで素材をカスタマイズ！マジック変身 無料版 OK

[マジック変身]は
テキストや素材をプロンプト入力で自由にカスタマイズできる機能です。

1 マジック変身の使い方

「Canva」の文字をカスタマイズしていきます。

文字を選択した状態で[アプリ]❶を選択し、検索窓に[マジック変身]と入力して検索します❷。[マジック変身]が表示されたらクリックします❸。

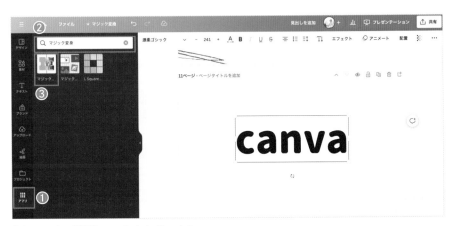

[イメージの説明]に、文字をどのようにカスタマイズしたいかを入力します。

ここでは[ブルーに輝く宝石]と入力しました❹。

「Canva」の文字が、キラキラ輝く青い宝石のようになりました。

このままでは見えづらいので背景を黒にします。

文字がキラキラの宝石みたいになった！

Bafore

canva ▶

After

canva

[**マジック変身**]機能では、文字だけでなく素材もカスタマイズすることができます（単純なオブジェクトの素材のみ）。

下の例はハートの素材を[**カラフルな風船**]で作成しました。

なお、執筆時点（2023年11月）では、単色での変更のみ可能で、グラデーションなどの効果は付けられません。

「デザインにメリハリをつけたい」「文字をカスタマイズしたい」そんなときに便利な機能です。

風船の色が変わって立体的になった

Bafore

▶

After

デザインを自動でサイズ展開！
マジック変換 Canva Pro

[マジック変換]は
作成したデザインのサイズ展開を自動で行ってくれる機能です。

1 Magic Switchの使い方

デザインを作成して、別のSNSやコンテンツにも使用したいとき、サイズを変更して新たに作り直すのは手間がかかりますよね。そんなときに役立つのが[**マジック変換**]です。

Instagram投稿用の正方形デ ザイン（1080×1080px）を開きます。 これを Instagramストーリー用（縦長サイズ）にリサイズします。

[**マジック変換**]❶を選択して、リサイズしたいものにチェックを入れます❷。[**続行**]をクリックします。

●**使用テンプレート**
「グレー ベージュ シンプル 美容」の検索結果
で表示されたテンプレート

プレビュー画面が表示されます。

[コピーとサイズ変更]❸を選ぶと、元データは残したまま別のデザインとして新たに作成されます。

[このデザインのサイズを変更する]❹を選ぶと、開いているデータに上書きしてサイズ変更します。

ここでは[コピーとサイズ変更]をクリックしました。Instagramストーリー用の縦長デザインに変更できました。

デザインの要素も縦長に合わせてレイアウトされています。必要であれば、微調整して整えましょう。

ここでは、白いグラデーションの位置を下にずらしました。

［**マジック変換**］では、複数サイズのデザインを同時に作成することもできます。

YouTubeのサムネイルとX（Twitter）投稿も作成してみました。

欲しい素材をプロンプトで生成!
マジック生成　無料版 OK

[マジック生成]は
作成したいもののプロンプト(文章)を入れるだけで、画像を生成してくれるAI機能です。

1 マジック生成の使い方

[マジック生成]はCanva無料プラン
の方は月に50クレジット、Canva Pro
の方は月に500クレジットの制限付き
で使用することができます。

[アプリ]❶を選択し、検索窓に[マジッ
ク生成]と入力して検索します❷。

[マジック生成]が表示されたらクリッ
クします❸。

作りたいイメージを文章で入れていき
ましょう。

今回は[マフラーをつけてジャンプす
る犬]❹としました。

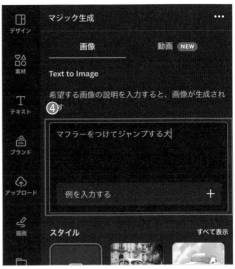

必要であれば、[スタイル]や[縦横比率]を指定します。

ここでは[スタイル]は[3D]❺、[縦横比]は[正方形]❻を指定しました。

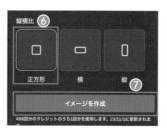

[イメージを作成]❼をクリックします。

候補の画像が4パターン作成されました。イメージに近い画像クリックするとデザインに反映させることができます。

設定次第でさまざまなタイプの画像を生成することができます。

ChatGPTみたいな対話型AI！
マジック作文 `Canva Pro`

[マジック作文]は、ChatGPTのように自然言語の文章を入力することで
AIが答えを出してくれる機能です。

1 マジック作文の使い方

SNS投稿のアイディアがなかなか思い浮かばないとき、プレゼン資料の見出しが思い浮かばないときなどに役立つのが[**マジック作文**]です。

編集画面で右下の[**Canvaアシスタント**]❶をクリックして、[**マジック作文**]❷を選択します。

プロンプトを入れていきます。

ここでは[**レモンの木の育て方を手順ごとに解説**]❸と入れて[**生成**]を押します。

レモンの木の育て方を生成してくれました❹。

この内容をもとにCanvaでデザイン作成をすることができます。

251

② 文章のトーンを変更する

生成した文章を選択して、[**マジック作文**]❶を押すと、文章のトーンを変更することができます。

[**もっと楽しく**]❷にすると指定したトーンで文章が楽しくフレンドリーな印象に変わりました❸。

[**マジック作文**]の便利なところは、Canva上で文章を生成できる点です。

たとえば、ChatGPTで文章を生成して、Canvaでデザインを編集するというツール間の移動がなく、Canva上で完結させることができます。

③ 文章の要約・加筆をする

作成した文章の要約や加筆をすることもできます。

文章を選択して、右下の[**Canvaアシスタント**]をクリックします。

[**テキストを要約**]を選択すると、要約した文章を生成してくれます。[**テキストを加筆**]を選択すると、加筆してくれます。

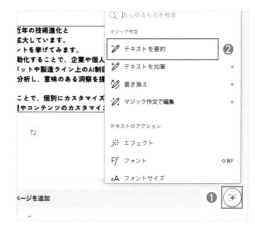

PROFILE

mikimiki web school （扇田 美紀）
<small>おうぎだ み き</small>

Canva公式アンバサダー（Canva Expert）
株式会社Ririan&Co.代表／テック系YouTuber／Webデザイナー
ECサイト勤務を経てフリーランスのデザイナーとして独立。その後
2020年にSNSマーケティング、Canva導入支援、AIコンサルティン
グを行う株式会社Ririan&Co.を起業。Canva、AI、最新テックに
特化したYouTubeチャンネル「mikimiki web school」の運営を行
い、チャンネル登録者数は約20万人。
オンラインデザインツールCanva Global公認 日本初のCanva
Expertとしても活動。Canva、ChatGPT、Midjourney等、生成AI
の講演も行う。
現在は0歳と2歳の2児の子育て中。

YouTube　　@mikimikiweb
Instagram　@mikimiki1021
Twitter　　@Mikimiki10211

著書
『新世代Illustrator 超入門』(2023／ソシム)
『Midjourneyのきほん』((2023／インプレス)

Canva使い方入門

2023年12月15日　初版第1刷発行
2024年 5 月21日　初版第5刷発行

著　者　　　mikimiki web school

装丁・本文デザイン　　Power Design Inc.
編集制作　　羽石 相

発行人　　　片柳 秀夫
編集人　　　平松 裕子

発　行　　　ソシム株式会社
https://www.socym.co.jp/
〒101-0064
東京都千代田区神田猿楽町1-5-15猿楽町SSビル
TEL：03-5217-2400（代表）
FAX：03-5217-2420

印刷・製本　　　シナノ印刷株式会社

定価はカバーに表示してあります。
落丁・乱丁本は弊社編集部までお送りください。
送料弊社負担にてお取替えいたします。

ISBN978-4-8026-1437-5